逻辑代数理论及其应用

王 伟 著

科学出版社

北 京

内 容 简 介

本书系统介绍逻辑代数滤子理论，涉及模糊化理论及其结构应用，主要是作者近年来研究工作的系统总结，同时也兼顾国内外此领域中的相关研究成果. 全书 6 章，具体内容包括：基础知识(第 1 章)、基于 t 模模糊命题逻辑系统相应逻辑代数的滤子及模糊滤子(第 2 章和第 3 章)、基于包括伪 t 模的非可换逻辑代数滤子的模糊化应用研究(第 4 章)、几种由模糊滤子衍生出的常见的滤子结构研究及与滤子相关的几种代数结构(第 5 章)、滤子的应用(第 6 章). 本书内容取材合理、概念清晰、叙述简练、便于阅读，示例精炼，形式多样，可满足不同层次要求.

本书可作为数理逻辑、不确定性推理、序代数、模糊数学等基础数学和理论计算机专业的研究生教材，也可供以模糊数学及其应用技术为基础的研究人员和教师、科技工作者参考.

图书在版编目(CIP)数据

逻辑代数理论及其应用/王伟著. —北京：科学出版社，2020.11
ISBN 978-7-03-066280-4

I. ①逻… Ⅱ. ①王… Ⅲ. ①布尔代数–研究 Ⅳ. ①O153.2

中国版本图书馆 CIP 数据核字(2020) 第 189247 号

责任编辑：张中兴 龙嫚嫚 孙翠勤／责任校对：杨聪敏
责任印制：张 伟／封面设计：蓝正设计

科 学 出 版 社 出版
北京东黄城根北街 16 号
邮政编码：100717
http://www.sciencep.com
北京厚诚则铭印刷科技有限公司 印刷
科学出版社发行 各地新华书店经销
*
2020 年 11 月第 一 版 开本：720×1000 B5
2022 年 10 月第四次印刷 印张：11 1/4
字数：227 000
定价：69.00 元
(如有印装质量问题，我社负责调换)

前言

  逻辑代数是信息科学、计算机科学、控制论与人工智能等许多领域推理机制的代数基础. 在逻辑代数的研究中, 滤子理论是一个重要的研究内容, 在深入研究代数结构方面发挥着重要作用. 本书主要针对几种典型的逻辑代数, 如 BL 代数、伪 BL 代数、BCK 代数及伪 BCK 代数、非可换剩余格、Heyting 代数、CI 代数、格蕴涵代数等, 引入和讨论了相应代数结构中的滤子及模糊化理论, 进一步对比刻画了相应滤子的性质以及代数结构和不同滤子之间紧密的关系, 最后给出了滤子的应用. 本书共 6 章, 可分成如下 5 个部分.

  (1) 基础知识, 包括第 1 章预备知识. 为了阐明逻辑代数的滤子理论的研究方法, 第 1 章介绍了有补格与伪补格的关系, 还介绍了 t 模、伪 t 模、剩余蕴涵与模糊集、逻辑代数的基本概念与基本理论.

  (2) 基于 t 模模糊命题逻辑系统相应逻辑代数的滤子及模糊滤子, 包括第 2~3 章. 特别需要强调的是, 本书以逻辑代数的典型代表——BL 代数来阐述滤子及模糊滤子的理论, 接着讨论了伪 BL 代数的模糊滤子, 并以相关公开问题的解决演示模糊滤子的应用.

  (3) 基于伪 t 模的非可换逻辑代数滤子的模糊化应用研究, 即本书的第 4 章. 对于 BCK 代数及伪 BCK 代数、非可换剩余格、Heyting 代数、CI 代数、格蕴涵代数及相应模糊滤子的研究也是分别讨论的. 同时, 本书关于各种源于逻辑的滤子代数结构内在联系做了分析与统一处理, 从一个特殊的角度反映了各种逻辑之间的联系, 为这些逻辑系统的进一步研究提供了新的思路.

  (4) 几种由模糊滤子衍生出的常见的滤子结构研究及与滤子相关的几种代数结

构, 即第 5 章. 结合已有的研究成果, 给出了几种常见 (模糊相关) 滤子结构的研究方法.

(5) 滤子的应用, 即第 6 章. 除了各种滤子与相应逻辑代数完备性之间的内在联系外, 首先论述滤子与相应逻辑代数结构的关系, 它们都属于模糊逻辑的一般化研究; 其次介绍了作者提出的基于一般滤子理论的信息化应用, 这对模糊控制、近似推理、知识表示、决策支持、计算语言学等应用领域有一定参考价值.

作者在从事该领域研究工作和编写本书的过程中, 得到了很多专家的帮助. 特别感谢作者的博士后合作导师——尊敬的西南交通大学徐扬教授以及西北大学孟杰教授、辛小龙教授多年来给予的热情关怀与悉心指导. 衷心感谢四川省系统可信性自动验证工程实验室、西南交通大学电气工程学院和数学学院、西安石油大学理学院各位领导给予的帮助. 作者先后得到清华大学刘宝碇教授、陕西师范大学李生刚教授、西南交通大学秦克云教授、美国迈阿密大学 Geoff Sutcliffe 教授、美国新墨西哥州立大学王通会教授和田建君副教授、伊朗沙希德-贝赫什迪大学 Rajab Ali Borzooei 教授和 Arsham Borumand Saeid 教授、伊朗塔比阿特莫达勒斯大学 Mohammad Mehdi Zahedi 教授、韩国国立庆尚大学的 Young Bae Jun 教授、韩国汉阳大学的 Hee Sik Kim 教授、韩国晋州国立师范大学的 Eun Hwan Roh 教授、西安科技大学孟彪龙教授等众多专家学者的鼓励和指导, 他们都给予了作者极大的支持和帮助, 在此向他们表示衷心的感谢! 在本书的写作过程中, 西安石油大学的吴兴霞、杨萌、蒲莎莎、耶丹萍、赵文静、常馨尹、赵雪玲、崔鑫淼等同志积极收集资料, 整理素材, 获取宝贵的研究论文, 使本书能紧跟国际学术研究的前沿, 谨向他们表示诚挚的谢意! 本书获西安石油大学优秀学术著作出版基金资助, 以及国家自然科学基金项目 (No.11571281) 的支持, 特此致谢.

逻辑代数滤子理论及其应用是一个涉及范围广、极具潜力的活跃研究领域, 本书仅从作者的兴趣出发论述了一些典型的逻辑代数系统及其相关滤子代数结构方面的内容. 限于时间及篇幅有限, 加之基于逻辑代数滤子的信息化应用的研究成果不多, 本书未能涉及基于逻辑代数滤子进一步的信息化应用, 因此将这方面的内容放在以后的著作中可能更合适一些, 这也是作者近期的研究重点. 同时, 因作者水平和能力有限, 本书难免不够完整和全面, 甚至存在疏漏, 敬请广大读者批评指正.

王　伟

2019 年 5 月于西安石油大学雁塔校区

CONTENTS

目 录

前言

绪论 ·· 1

第1章 预备知识 ·· 5

　1.1 序与格 ·· 5

　1.2 格的理想与滤子 ··· 9

　1.3 有补格与伪补格 ··· 10

　1.4 t 模与伪 t 模 ·· 11

　1.5 与 t 模相伴的剩余内涵 ··· 13

　1.6 模糊 (子) 集 ·· 14

第2章 BL 代数及滤子 ·· 15

　2.1 基本逻辑系统 BL ·· 15

　2.2 BL 代数 ··· 16

　2.3 BL 代数的滤子 (演绎系统) ··· 19

　2.4 BL 代数中滤子之间的相互关系 ······································· 29

第3章 BL 代数的模糊滤子理论 ·· 32

　3.1 BL 代数的模糊滤子 ··· 32

　3.2 BL 代数模糊滤子之间的关系 ··· 48

第4章 几种典型逻辑代数中的模糊滤子 ··································· 54

　4.1 伪 BL 代数的模糊滤子 ·· 54

　4.2 BCK 代数与伪 BCK 代数的模糊滤子 ································· 79

　　4.3　CI 代数的模糊滤子 ································· 94

　　4.4　可换剩余格与剩余格的模糊滤子 ··············· 96

　　4.5　格蕴涵代数的模糊滤子 ······················· 110

第 5 章　逻辑代数中模糊滤子相关的衍生子结构 ··············· 114

　　5.1　与模糊相关的滤子结构 ······················· 114

　　5.2　与滤子相关的几种代数结构 ··················· 140

　　5.3　其他类型的滤子 ····························· 143

第 6 章　逻辑代数滤子的应用 ····························· 145

　　6.1　逻辑代数与相应滤子的关系 ··················· 145

　　6.2　基于逻辑代数滤子的信息化应用——基于中国剩余定理的保密通信

　　　　　方案 ···································· 156

　　6.3　分配格中的中国剩余定理及其应用 ··············· 160

参考文献 ··· 165

绪 论

　　各种逻辑问题, 常常需要借助于有效的代数方法进行研究, 这便产生了各种代数系统. 1847 年, 英国数学家 George Boole 为了研究思维规律提出了一种代数系统, 后来人们称它为布尔代数, 以纪念这位伟大的数学家. 自那时以后, 出现了各种与命题演算有关的代数系统, 如蕴涵代数、MV 代数、Brouwer 代数、Hilbert 代数、BCK 代数、BCI 代数等等, 得到了许多有意义的结果, 丰富了这个领域.

　　与经典逻辑相应, 非经典逻辑发展迅速. 非经典逻辑包含多值逻辑、模糊逻辑等, 常用于处理具有模糊性、随机性方面的不确定性问题. 相应地, 对非经典逻辑代数系统的研究也是近些年代数理论研究领域的热点之一. 目前, 人们已基于不同的角度提出了多种非经典逻辑代数系统, 和相应的逻辑体系关系密切. 同样, 合适的代数方法在这一热点问题的研究中发挥了重要作用. 多种多值逻辑代数和模糊逻辑代数正是作为非经典逻辑的语义系统而提出的. 例如, 自从 Hájek 对于命题逻辑引入了基本逻辑 (basic logic) 公理系统后, 相应的证明理论分析随之促进了 BL 代数的产生 [1]. Hájek [2] 引入的 BL 代数, 作为他的基本逻辑的代数结构被广泛研究.

　　在非经典逻辑中, 非可换逻辑发展迅速. 非可换逻辑由 Abrusci 和 Ruet 提出, 统一了可换线性逻辑与 cyclic 线性逻辑, 是 Lambek 演算的标准保守扩张, 对于不确定推理与决策、逻辑程序设计、模糊数据库及计算语言学等领域都发挥着重要的作用. 非可换逻辑的重要作用, 使模糊逻辑学界近几年开始了对非可换模糊逻辑的广泛研究. Flondor, Georgescu 和 Iorgulescu [3] 系统研究了伪 t 模. Hájek [1] 研究了非可换 BL 系统, Jenei, Montagna 和 Leustean 相应地研究了非可换拟群 t 模基逻辑和非可换 Lukasiewicz 逻辑系统 [4,5].

　　与非可换逻辑相应的非可换逻辑代数成为近几年代数学界研究的新热点. 伪

MV 代数 (即非可换 MV 代数) 甚至先于相应的非可换模糊逻辑被研究 [6]. 如 1999 年, 罗马尼亚学者 Georgescu 和 Iorgulescu [7] 首次引入伪 MV 代数, 它是 MV 代数的非可换推广, 是最早被研究的非可换模糊逻辑代数. 2002 年, Nola, Georgescu 和 Iorgulescu [8,9] 引入伪 BL 代数, 作为著名 Hájek 引入的 BL 代数的非可换推广. 在文献 [10] 中, Dvurečenskij 证明了每一个伪 BL 代数蕴涵一个 state, 且是好的. 2001 年, 弱伪 BL 代数 (Hájek 称之为伪 MTL 代数) 作为著名的 MTL 代数的非可换推广被提出和研究 [3,11]. 广泛研究的伪 MV 代数、伪 BL 代数、伪 MTL 代数等著名非可换逻辑代数同时都含有一个共同的基础性代数结构——剩余格, 剩余格是拟群逻辑相应的代数结构, 因此对剩余格作进一步的研究对认识非交换模糊逻辑有重要意义.

　　从逻辑的角度来看, 各种滤子对应各种可证明公式集 [12]. 滤子在经典数学中已成为很重要的工具. 例如, 在测度论中, 素滤子成为概率测度的基本元素, 在模糊类理论中, 滤子演绎成不同的形式 [13]. 滤子还与同余关系密切相关 [14]. 从不确定信息的观点, 相应推理系统可证明公式的集合可以通过相应代数语义学的滤子来描述. 经典二值逻辑以布尔代数作为代数语义学. 对于重要的非经典逻辑, 存在代数类形式的代数语义学 [15]. 在逻辑代数的研究中, 滤子 (理想) 理论是一个重要的研究内容, 在深入研究代数结构, 反映代数系统自身特性方面发挥着重要作用, 基于此种认识, 很多逻辑学家和代数学家致力于滤子相关性质的研究, 近年来这方面得到了很多很好的结果. 众多相关文献中提及的公开问题就是在这方面的探索 [12,16–19].

　　Hájek [2] 引入了 BL 代数的滤子和素滤子的概念, 并证明了基本逻辑 BL 的完备性. 在文献 [20] 中, Turunen 在 BL 代数中提出了蕴涵滤子和布尔滤子的概念, 接着证明了在 BL 代数中蕴涵滤子等价于布尔滤子. 在文献 [8,18,21,22] 中, BL 代数的素 (prime) 滤子、蕴涵 (implicative) 滤子、布尔 (Boolean) 滤子、正规 (normal) 滤子、奇异 (fantastic) 滤子和正蕴涵 (positive implicative) 滤子被相继提出并且探究, 使对 BL 代数的结构研究更为深入. 在文献 [13] 中, Kroupa 引入了模糊类滤子的概念并讨论了滤子、素滤子和相关构造的性质. 在文献 [23] 中, Ma 等在 MTL 代数中引入和研究了 $(\in, \in \vee q)$-模糊布尔滤子、MV 滤子和 G 滤子. 在文献 [24] 中, Ciungu 将伪 BL 代数中滤子的一些性质拓展到伪 MTL 代数中. Dvurečenskij [10] 通过特殊滤子讨论了线性伪 BL 代数中 state 的存在性. 在文献 [25] 中, Jipsen 和 Montagna 通过 GBL 代数中的正规滤子刻画了 GBL 代数的结构. 在文献 [22] 中, BL 代数的几种滤子被提出. 在文献 [26–33] 中, 伪 MV 代数、伪 BL 代数、伪 effect

代数、剩余格和伪 hoops 的滤子被进一步研究. 在文献 [34] 中, Liu 和 Li 在剩余格中引入了布尔滤子和正蕴涵滤子的概念并讨论了它们的性质. Wang 和 Fang [35] 引入和讨论了剩余格的 v 滤子并证明了剩余格的 v 滤子和正规 v 滤子构成的格都是完备的 Brouwerian 格. 在文献 [36] 中, 格蕴涵代数和 (伪)BL 代数的滤子得到了进一步的研究. BCK/BCI 代数的理想既是一类特殊的子结构, 又对应相应逻辑系统中特殊的推理规则, 实质上等同于滤子 [41].

　　自从文献 [37] 提出模糊集概念以后, 在理论和实践中得到了广泛应用. 当今, 模糊化思想已经应用于其他很多代数结构, 如群、环等 [38,39]. 滤子的模糊化同样也是十分有益的工作 [40,46]. 应用模糊子集概念到逻辑代数中, 研究模糊滤子 (理想) 发展十分迅速. Wang 和 Xin [33] 通过讨论模糊正规滤子和模糊布尔滤子之间的关系, 解决了伪 BL 代数的公开问题. Xu 和 Qin [36] 通过研究格蕴涵代数引入了模糊正蕴涵滤子. Jun 等 [47,48] 得到了格蕴涵代数中模糊正蕴涵滤子的一些特征. BL 代数的几种模糊滤子被深入研究 [49,50]. 在文献 [51] 中, Zhan 等引入了伪 BL 代数的 $(\in, \in \vee q)$-模糊滤子. 在文献 [52] 中, Liu 和 Li 在 R_0-代数中, 相应地引入和研究了模糊滤子、模糊蕴涵滤子和模糊布尔滤子. 文献 [53] 在 MTL 代数中给出模糊滤子的特征, 通过模糊滤子, Jun 等在 MTL 代数中给出了一个同余关系, 并证明了通过一个模糊滤子诱导的所有同余关系的集合是一个完备的分配格. 在研究工作中, 逻辑代数结构可以通过滤子及模糊滤子来进行研究和刻画. 因而, 本书通过研究几类逻辑代数中的滤子及模糊滤子的理论, 旨在为逻辑代数结构进一步深入的研究奠定基础.

　　滤子是研究相应代数结构的有效工具. 在实际的研究过程中, 我们接触到了一些关于滤子的公开问题. 如, 在文献 [16] 中, 张小红教授提出了伪 BL 代数的布尔滤子和正规滤子的概念, 并用其刻画了伪 BL 代数的结构. 证明了一个伪 BL 代数成为布尔代数当且仅当它的任何滤子或 {1}滤子是正规的和布尔的. 显然, 讨论上述两种滤子之间关系非常重要. 随即他提出一个公开问题 "证明或否定在伪 BL 中, 每一个布尔滤子是正规的". 又如在文献 [18] 中, Saeid 和 Motamed 提出了两个公开问题, 即 BL 代数中 "一个正规 (normal) 滤子在什么合适条件下成为奇异 (fantastic) 滤子?" 和 "在什么合适的条件下, normal 滤子的拓展性成立?" 再如在文献 [12] 中有一个公开问题: "在伪 BCK 代数或有界伪 BCK 代数中, 蕴涵伪滤子是否等价于布尔滤子?" 文献 [54] 中有一个公开问题: "证明或否定伪 BCK 代数是蕴涵 BCK 代数当且仅当每一个伪滤子是蕴涵伪滤子 (或布尔滤子)." 等等. 这些公开问题中, 有些是关于具体滤子的性质, 有些是关于几种滤子之间的关系, 有些是关于其和相应逻辑代数之间的关系.

我们起初尝试直接应用滤子的相应性质进行证明,但在实际工作中遇到了很大的困难. 这也使我们认识到,对于不同的逻辑代数系统,以滤子、理想等工具直接进行研究结构有时会遇到一些困难,这就启发我们找到更为简单和可行的方法. 而模糊化的方法就是一个研究代数系统的很好的工具,通过将复杂的逻辑代数结构演化为简单的序结构,使研究大大简化. 我们通过尝试应用模糊化的思想研究滤子,从而使判断代数系统的条件大为简化,同时对相应滤子的判断提出了新的方法,具有一定的理论和实践意义. 通过研究不同代数结构中几类模糊滤子之间的相互关系,以及模糊与非模糊方法之间的对应,我们用模糊化的办法解决了上述几个公开问题,并得到了非模糊的结论. 这种研究方法十分有效,我们对提及的公开问题的模糊化及非模糊化证明就说明了这一点.

基于这种认识,我们引入并讨论了 BL 代数、伪 BL 代数、伪 BCK 代数、剩余格、Heyting 代数、CI 代数、格蕴涵代数等逻辑代数的超滤子、固执滤子、伪 G 滤子、伪 MV 滤子、布尔滤子、素滤子、蕴涵滤子、正蕴涵滤子及其模糊结构,还讨论了这几类滤子之间的关系,研究了相应模糊滤子的性质,得到了一些很好的结论.

模糊集理论对于描述和处理事物的模糊性和系统的不确定性以及模拟人的智能和决策推理能力十分有效. 结合了模糊集这个有利的工具. 在国内外研究工作的基础上,作者进行了一些新的探索,主要涉及逻辑代数滤子模糊化及相关代数结构问题的解决,并尝试做出了一些基于逻辑代数滤子理论的信息化应用. 本书是作者近年研究工作的总结,同时也介绍了与之相关的国内外众多学者的研究成果.

第1章

预 备 知 识

逻辑代数内容涵盖面很广. 本章主要介绍与逻辑代数及滤子、理想相关的知识, 如序与格、格的理想与滤子、有补格与伪补格、t 模与伪 t 模、与 t 模相伴的剩余内涵、模糊集理论等基本概念和结论, 以便于读者顺利地阅读后面的章节, 相关的内容可参阅文献 [2, 6, 25, 37, 55–78].

1.1 序 与 格

定义 1.1   非空集合 E 上二元关系 R 是笛卡儿积 $E \times E = \{(x, y) | x, y \in E\}$ 的一个子集, 当 $(x, y) \in R$ 时, 称 x, y 具有关系 R, 写成 xRy. 否则称 x, y 不具有关系 R, 写成 $x\bar{R}y$.

定义 1.2   如果集合 E 上的二元关系 R 满足以下性质, 则称其为等价关系:

(1) **自反性** $\forall x \in E, (x, x) \in R$;

(2) **对称性** $\forall x, y \in E$, 若 $(x, y) \in R$, 则

$$(y, x) \in R;$$

(3) **传递性** $\forall x, y, z \in E$, 若 $(x, y) \in R, (y, z) \in R$, 则

$$(x, z) \in R.$$

对于 E 上关系 R, 如下定义 R 的对偶关系 R^d:

$$(x, y) \in R^d \Leftrightarrow (y, x) \in R.$$

基于如上定义, 等价关系中的对称性可表示为 $R = R^d$.

另外, 与上述对称性相对, 有下述反对称性:

$\forall x, y \in E$, 若 $(x, y) \in R$, $(y, x) \in R$, 则 $x = y$, 即 $R \cap R^d = \mathrm{id}_E$, 其中 id_E 表示恒等关系.

定义 1.3   非空集合 E 上二元关系 R 若有自反性、反对称性和传递性, 则称 R 为 E 上的序关系或偏序关系.

我们通常用符号 $\leqslant$ 表示 (偏) 序关系, 而 $(x, y) \in \leqslant$ 被等价地表示为 $x \leqslant y$, 读作 "x 小于或等于 y". 集合 E 上若有偏序关系 $\leqslant$, 则称 $(E, \leqslant)$ 为一个偏序集 (partial ordered set, poset), 若 $x \leqslant y$ 且 $x \neq y$, 则记为 $x < y$. 若 $x \not\leqslant y$ 且 $y \not\leqslant x$, 则称 x, y 不可比, 记为 $x \| y$. 称偏序集 $(E, \leqslant)$ 是一个链 (chain), 如果对任意 $x, y \in E$, $x \leqslant y$ 或 $y \leqslant x$, 此时 $\leqslant$ 为全序关系. 相对的, 如果对任意两个不同元 $x, y \in E$, x, y 均不可比, 则称 $(E, \leqslant)$ 是一个反链 (anti-chain), 此时 $\leqslant$ 就是相等关系.

例 1.1   任一非空集合 E 的所有子集组成的集合 $P(E)$, 关于集合的包含关系 $\subseteq$ 构成偏序集.

例 1.2   自然数集 N 上的整除关系 "$|$" ($m|n$ 当且仅当 m 整除 n) 是 N 上的偏序关系.

例 1.3   设 $(P_1, \leqslant_1)$, $(P_2, \leqslant_2)$ 为偏序集, 定义笛卡儿积集 $P_1 \times P_2$ 上的关系 $\leqslant$ 如下:

$$(x_1, x_2) \leqslant (y_1, y_2) \Leftrightarrow (x_1 \leqslant_1 y_1, \text{或} x_1 = y_1 \text{且} x_2 \leqslant_2 y_2),$$

则 $(P_1 \times P_2, \leqslant)$ 为偏序集, 称 $\leqslant$ 为字典序 (lexicographic order). 容易验证, $\leqslant$ 为全序当且仅当 $\leqslant_1, \leqslant_2$ 均为全序.

定理 1.1   如果 R 为 E 上的偏序, 则其对偶 R^d 也是 E 上的偏序.

对于偏序集 $(E, \leqslant)$, 记与序关系 $\leqslant$ 的对偶关系为 $\geqslant$, 则 $(E, \geqslant)$ 称为 $(E, \leqslant)$ 的对偶, 与前面对应, 通常记为 E^d.

定理 1.2(对偶原理, principle of duality)   每一个关于偏序集 E 的定理, 都有与之相对应的关于对偶序集 E^d 的定理. 这可通过替换每一个关于 $\leqslant$ 的 (显式的或隐式的) 陈述为关于对偶序 $\geqslant$ 的陈述所得到的.

设 $(E, \leqslant)$ 为偏序集. 若存在一元素 $x \in E$, 使得对每一 $y \in E$ 都有 $y \leqslant x$, 则称 x 为 E 的顶元 (top element) 或最大元 (maximum element), 通常记为 1. 对偶的概念是底元 (bottom element) 或最小元 (minimum element), 即若对任意 $y \in E$ 都有 $y \geqslant x$, 则称 x 为 E 的底元或最小元, 通常记为 0. 最大元 (最小元) 若存在, 则必是唯一的. 一个偏序集若同时存在最大元和最小元, 则称它是有界的 (bounded).

定义 1.4   设 $(E, \leqslant)$ 为偏序集, $D \subseteq E$. 如果 D 具有性质: $\forall x \in D, y \in E, y \leqslant$

$x \Rightarrow y \in D$, 则称 D 为 E 的下集 (down-set). 空集也为下集. 对偶地, 定义上集 (up-set) 为满足以下条件的子集:

$$\forall x \in D, y \in E, y \geqslant x \Rightarrow y \in D.$$

称 $x \downarrow = \{y \in E | y \leqslant x\}$ 为主下集 (principle down-set), 称 $x \uparrow = \{y \in E | y \geqslant x\}$ 为主上集 (principle up-set).

定义 1.5 一个偏序集 E 称为是交半格 (meet semilattice 或 $\wedge$-semilattice), 如果任意两个主下集的交为主下集, 即 $\forall x, y \in E$, 存在元素 α, 使得 $x \downarrow \cap y \downarrow = \alpha \downarrow$, 记 α 为 $x \wedge y$, 称作 x 和 y 的交 (meet). 对偶地, 一个偏序集 E 称为是并半格 (join semilattice 或 $\vee$-semilattice), 如果任意两主上集的交为主上集, $\forall x, y \in E$, 存在元素 β, 使得 $x \uparrow \cap y \uparrow = \beta \uparrow$, 记 β 为 $x \vee y$, 称作 x 和 y 的并 (join).

定义 1.6 设 E 为偏序集, $F \subseteq E, x \in E$. 如果 $\forall y \in F$, $x \leqslant y$, 则称 $x \in E$ 为 F 的下界 (lower bound). 如果 $\forall y \in F$, $x \geqslant y$, 则 x 称为 F 的上界 (upper bound).

通常 F 在 E 中的下界之集用 $F \downarrow$ 表示, F 在 E 中的上界之集用 $F \uparrow$ 表示. 如果 F 为空集 $\varnothing$, 那么对每一个 $x \in E$, 满足关系 $\forall y \in F$, $y \leqslant x$, 故 $\varnothing \uparrow = E$. 类似地, $\varnothing \downarrow = E$.

定义 1.7 设 E 为偏序集, $F \subseteq E$. 如果 F 的下界之集 $F \downarrow$ 有最大元, 则称此最大元为 F 的下确界 (infimum, 或 greatest lower bound), 记为 $\inf_E F$, 在不引起混淆的情况下, 简记为 $\inf F$. 同样地, 如果 F 的上界之集 $F \uparrow$ 有最小元, 则称此最小元为 F 的上确界 (supermum 或 least upper bound), 记为 $\sup_E F$, 简记为 $\sup F$.

由于 $\varnothing \downarrow = E$, 所以 $\inf_E \varnothing$ 存在当且仅当 E 有最大元 1, 此时 $\inf_E \varnothing = 1$. $\sup_E \varnothing$ 存在当且仅当 $\varnothing \uparrow = E$ 有最小元 0, 此时 $\sup_E \varnothing = 0$.

我们可以得到交半格和并半格的等价定义.

定义 1.8 偏序集 E 称为交半格, 如果对于任意 $x, y \in E, \{x, y\}$ 总有下确界, 且有 $\inf\{x, y\} = x \wedge y$. 同样, 偏序集 E 称为并半格, 如果对于任意 $x, y \in E, \{x, y\}$ 总有上确界, 且有 $\sup\{x, y\} = x \vee y$.

显然, 对每一交半格的有限子集 $\{x_1, \cdots, x_n\}$, $\inf\{x_1, \cdots, x_n\}$ 和 $\sup\{x_1, \cdots, x_n\}$ 存在且有

$$x_1 \wedge \cdots \wedge x_n, \quad \sup\{x_1, \cdots, x_n\} = x_1 \vee \cdots \vee x_n.$$

定义 1.9 如果 E 同时为并半格和交半格, 则称偏序集 $(E, \leqslant)$ 是一个格 (lattice).

这样, 一个格是一个偏序集, 它的每一对元素 (每一有限子集) 都有下确界和上确界, 通常把格记为 $(E, \wedge, \vee, \leqslant)$.

同时格也有关于代数结构的定义, 形式如下.

定理 1.3　一个集合 E 有格结构的充要条件是存在两个二元运算 $\wedge, \vee$ 使得

(1) $(E, \wedge)$ 和 $(E, \vee)$ 为交换半群;

(2) 吸收律 (absorption law) 成立, 即

$$(\forall x, y \in E) x \wedge (x \vee y) = x \vee (x \wedge y) = x.$$

可以发现, 格的两种定义形式是等价的, 这说明格是连接序结构和代数结构的一种基础结构.

相应地, 一个格 L 称为有界格, 如果存在 $0, 1 \in L$, 满足 $0 \leqslant x \leqslant 1$ 对于所有 $x \in L$.

定义 1.10　如果交半格 L 的每一个子集 E 均有下确界, 则称 L 是 $\wedge$ 完备的. 如果并半格 L 的每一个子集 E 均有上确界, 则称 L 是 $\vee$ 完备的. 如果格 L 同时是 $\wedge$ 完备的和 $\vee$ 完备的, 则称 L 是完备格 (complete lattice).

定理 1.4　设 L 是格, 则对 L 中任意元 x, y, z 都有

(1) $x \wedge (y \vee z) \geqslant (x \wedge y) \vee (x \wedge z)$;

(2) $x \vee (y \wedge z) \leqslant (x \vee y) \wedge (x \vee z)$;

(3) 若 $x \leqslant z$, 则 $x \vee (y \wedge z) \leqslant (x \vee y) \wedge z$.

称 (1) 和 (2) 为分配不等式, (3) 为模不等式.

定义 1.11　设 L 是格, 如果对 L 中任意元 x, y, z 都有

(1) $x \wedge (y \vee z) = (x \wedge y) \vee (x \wedge z)$;

(2) $x \vee (y \wedge z) = (x \vee y) \wedge (x \vee z)$.

则称 L 是分配格 (distributive lattice).

实际上, 分配格的两个条件中, 只要一个成立, 另一个必定成立.

对于分配格, 分别称以下条件为第一无限分配律 (无限交分配律) 和第二无限分配律 (无限并分配律):

$$x \wedge (\bigvee_{i \in I} y_i) = \bigvee_{i \in I} (x \wedge y_i), \quad x \vee (\bigwedge_{i \in I} y_i) = \bigwedge_{i \in I} (x \vee y_i).$$

注意, 一个分配格满足第一 (二) 无限分配律未必满足第二 (一) 无限分配律.

定义 1.12　格 L 是模格 (modular lattice), 如果 L 满足如下模律:

$$\forall x, y, z \in L, \quad x \leqslant z,$$

则 $x \vee (y \wedge z) = (x \vee y) \wedge z$.

1.2 格的理想与滤子

定义 1.13 如果交半格 L 上的非空子集 E 在交运算下封闭, 即 $x, y \in E \Rightarrow x \wedge y \in E$, 那么就称 E 为 L 的 $\wedge$ 子半格. 对偶地, 如果并半格 L 上的非空子集 E 在并运算下封闭, 即 $x, y \in E \Rightarrow x \vee y \in E$, 那么就称 E 为 L 的 $\vee$ 子半格. 如果格的某一子集同时为 $\wedge$ 子半格和 $\vee$ 子半格, 那么就称其为子格 (sublattice).

如果格 L 的子格 I 同时又是下集, 则称 I 为格 L 的理想 (ideal), 如果子格 F 同时又为上集, 则称 F 为格 L 的滤子 (filter). 综上, 我们有如下定义.

定义 1.14 格 L 的一个非空子集 I 称为 L 的理想, 如果它满足

(1) $x \in L, y \in I, x \leqslant y \Rightarrow x \in I$;

(2) $x \in I, y \in I \Rightarrow x \vee y \in I$.

定理 1.5 设 L 是格, I 是 L 的非空子集, 则以下条件等价:

(1) I 为 L 的理想;

(2) I 是下集且对并运算封闭;

(3) $(\forall x, y \in L) x \vee y \in I \Leftrightarrow x, y \in I$.

对偶地, 设 F 是 L 的非空子集, 则称以下条件等价:

(1) F 为 L 的滤子;

(2) F 是上集且对交运算封闭;

(3) $(\forall x, y \in L) x \wedge y \in F \Leftrightarrow x, y \in F$.

格 L 的不等于 L 的理想 (滤子) 称为真理想 (真滤子).

定义 1.15 设 L 为格, I 是 L 的真理想, 如果 $\forall x, y \in L, x \wedge y \in I \Rightarrow x \in I$ 或 $y \in I$, 则 I 称为 L 的素理想 (prime ideal). 对偶地, L 的真滤子 F 称为素滤子 (prime filter). 如果 $\forall x, y \in L, x \vee y \in F \Rightarrow x \in F$ 或 $y \in F$.

容易验证, I 是 L 的素理想当且仅当 $L \backslash I$ 是素滤子.

设 I 是格 L 的真理想, 如果真包含于 I 的理想只有 L, 则称 I 是极大理想. 对偶地, 设 F 是格 L 的真滤子, 如果真包含于 F 的滤子只有 L, 则称 F 是极大滤子.

定理 1.6 设 L 是有最大元 1 的分配格, 则 L 中的极大理想均为素理想. 对偶地, 在有最小元 0 的分配格中, 极大滤子均为素滤子.

定理 1.7 设 L 是分配格, J 是 L 的理想, G 是 L 的滤子, 且 $J \cap G = \varnothing$, 则存在 L 的素理想 I 和素滤子 $F \subseteq L \backslash I$, 使得 $J \subseteq I$ 且 $G \subseteq F$.

1.3　有补格与伪补格

定义 1.16　设 L 是有界格, $x, y \in L$, 若 $x \wedge y = 0, x \vee y = 1$, 则称 y 是 x 的一个补 (complement), 而称 x 为有补元 (complemented element). 有界格 L 称为有补格, 如果它的每一个元素都是有补的. 一个有补分配格称为布尔 (Boolean) 格或布尔代数.

在布尔格中, 任意元素均有补且其补是唯一的, 常将元素 x 的唯一补记为 x^- 或 $-x$. 注意, 使用术语 "布尔格" 时将其看成序结构, 而使用术语 "布尔代数" 时将其看成代数结构 (即有二元运算 $\wedge, \vee$, 一元运算 $-$ 及常元 $0, 1$ 的代数系统).

下面介绍与 "伪补"(pseudocomplement) 有关的伪补格、Brouwer 格、Heyting 格 (代数) 等概念.

Brouwer 格与 Heyting 格源自直觉主义逻辑 (intuitionist logic), 大多数文献认为它们是同一概念, 不加以区分, 而另一些文献认为 Heyting 格是有最小元的 Brouwer 格 (本书采用这一定义).

定义 1.17　设 L 是格, $x, y \in L$, 如果集合 $\{a \in L | a \wedge x \leqslant y\}$ 有最大元, 则称 x 相对于 y 是有伪补的, 并称这个最大元为 x 相对于 y 的伪补 (pseudocomplement of x relative to y), 记为 $x \to y$.

显然, 若 $x \to y$ 存在, 则有 $a \wedge x \leqslant y \Leftrightarrow a \leqslant x \to y$.

如果对任意 $y \in L$ 均存在 $x \to y$, 则称格 L 的元素 x 是相对有伪补的 (relatively pseudocomplemented). 特别地, $x \to x$ 存在, 故 $\{a \in L | a \wedge x \leqslant x\} = L$ 有最大元, 即 $1 \in L$.

L 称为相对伪补格或 Brouwer 格 (取名自荷兰数学家 Brouwer), 如果 L 是格且每一个元素都是相对有伪补的. 显然, 每一个 Brouwer 格都含有最大元 1. Brouwer 格有时也被称为蕴涵格 (implicative lattice).

含有最小元 0 的 Brouwer 格称为 Heyting 格, 当将其看作代数结构时, 称为 Heyting 代数, 即 Heyting 格连同其相对伪补运算一起构成的代数结构.

定理 1.8　设 L 是 Brouwer 格, 则 $\forall x, y, z \in L$, 以下条件成立:

(1) $y \leqslant x \to y$;

(2) $1 \to x = x$;

(3) $x \leqslant y \Leftrightarrow x \to y = 1$;

(4) $x \wedge (x \to y) = x \wedge y$;

(5) $x \leqslant y \Rightarrow z \to x \leqslant z \to y, x \leqslant y \Rightarrow y \to z \leqslant x \to z$;

(6) $x \to (y \to z) = x \wedge y \to z = (x \to y) \to (x \to z)$;

(7) L 是分配格.

定理 1.9　一个完备格是一个 Heyting 格当且仅当它满足无限交分配律 ($\wedge$ 无限分配律):

$$x \wedge (\bigvee_{i \in I} y_i) = \bigvee_{i \in I} (x \wedge y_i).$$

推论 1.1　每个有限分配格是 Heyting 格.

定理 1.10　有界格 L 是一个 Heyting 代数, 当且仅当存在 L 上的二元运算 $\to$ 使得以下性质成立 ($\forall x, y, z \in L$):

(1) $x \wedge (x \to y) = x \wedge y$;

(2) $x \wedge (y \to z) = x \wedge (x \wedge y \to x \wedge z)$;

(3) $z \wedge (x \wedge y \to z) = z$.

1.4　t 模与伪 t 模

t 模 (triangular norm), 又称为三角模或 t 范数, 首先出现在 Menger 于 1942 年发表的论文 *Statistical metrics* (《统计度量》) 中, 在这里, t 模是作为经典度量空间中三角不等式的自然推广而提出的.

t 模较好地反映了"逻辑与"的性质, 因此 t 模作为一般的"模糊与"算子受到了模糊逻辑学界的普遍青睐.

定义 1.18　t 模是单位区间 $[0,1]$ 上的二元函数 T, 它满足交换律、结合律、单调性且带有单位元 1, 即函数 $T: [0,1] \times [0,1] \to [0,1]$ 满足以下条件 ($\forall x, y, z \in [0,1]$):

(1) $T(x, y) = T(y, x)$;

(2) $T(x, T(y, z)) = T(T(x, y), z)$;

(3) 当 $y \leqslant z$ 时, 有 $T(x, y) = T(x, z)$;

(4) $T(x, 1) = x$.

有时为了突出 t 模的代数运算效果, 可以将其定义写成如下的等价形式.

定义 1.19　(1) $x \otimes y = y \otimes x$;

(2) $x \otimes (y \otimes z) = (x \otimes y) \otimes z$;

(3) 当 $y \leqslant z$ 时, 有 $x \otimes y \leqslant x \otimes z$;

(4) $x \otimes 1 = x$.

故由定义 1.18 中的 (3) 知道, t 模关于两个变元都是不减的. 又对任意 t 模 T, 有 $T(0, x) = T(x, 0) = 0, T(1, x) = x$.

下面给出 4 个基本 t 模, 依次为 $T_M(x,y)$, $T_P(x,y)$, $T_L(x,y)$, $T_D(x,y)$, 其顺序关系为

$$T_M \leqslant T_P \leqslant T_L \leqslant T_D.$$

这 4 个 t 模的具体定义如下.

定义 1.20　最小值 t 模 T_M:

$$T_M(x,y) = \min\{x,y\},$$

此 t 模又称为 Gödel t 模.

乘积 t 模 T_P:

$$T_P(x,y) = x \cdot y.$$

Lukasiewicz t 模 T_L:

$$T_L(x,y) = \max\{x+y-1, 0\}.$$

突变积 (drastic product) t 模 T_D:

$$T_D(x,y) = \begin{cases} 0, & (x,y) \in [0,1)^2, \\ \min\{x,y\}, & 其他. \end{cases}$$

4 个 t 模之所以称为 "基本" 的, 是因为它们就是各类 t 模的典型代表, 其中, T_D 和 T_M 分别是最小和最大的 t 模, T_P 和 T_L 是严格 t 模和幂零 t 模的典型代表, 且 T_M 是仅有的对任意 $x \in [0,1]$ 都幂等的 t 模.

定义 1.21　三角余模 (简称 t 余模) 是单位区间 $[0,1]$ 上的二元函数 S, 它满足交换律、结合律、单调性且带有单位元 0, 即函数 $S: [0,1] \times [0,1] \to [0,1]$ 满足以下条件 ($\forall x, y, z \in [0,1]$):

(1) $S(x,y) = S(y,x)$;

(2) $S(x, S(y,z)) = S(S(x,y), z)$;

(3) 当 $y \leqslant z$ 时, 有 $S(x,y) = S(x,z)$;

(4) $S(x,0) = x$.

注释 1.1　(1) 在模糊逻辑中, 三角余模 (简称 t 余模) 通常被解释为 "析取" (逻辑或).

(2) 函数 $S: [0,1] \times [0,1] \to [0,1]$ 是 t 余模, 当且仅当有 t 模, 使得对任意 $x, y \in [0,1]$, 以下两个等价的等式中的一个成立:

① $S(x, y) = 1 - T((1-x), (1-y))$;

② $T(x, y) = 1 - S((1-x), (1-y))$.

(3) 由条件① 确定的 t 余模 S 称为 t 模 T 的对偶余模 (dual t conorm), 同样, 由条件② 确定的 t 模 T 称为 t 余模 S 的对偶 t 模 (dual t norm).

(4) 与前述 4 个基本 t 模对偶的基本 t 余模分别是

最大值 t 余模 S_M:

$$S_M(x, y) = \max\{x, y\};$$

概率和 S_P:

$$S_P(x, y) = x + y - x \cdot y;$$

Lukasiewicz t 余模 (有界和)S_L:

$$S_L(x, y) \leqslant \min\{x + y, 1\};$$

突变和 S_D:

$$S_D(x, y) = \begin{cases} 1, & (x, y) \in (0, 1]^2, \\ \max\{x, y\}, & \text{其他}. \end{cases}$$

定义 1.22　t 模 $T: [0, 1] \times [0, 1] \to [0, 1]$ 称为左连续 (右连续) 的, 如果对每一个 $y \in [0, 1]$ 和所有非减的 (非增的) 序列 $(x_n)_{n \in N}$ 有

$$T(\lim_{n \to \infty} x_n, y) = \lim_{n \to \infty} T(x_n, y).$$

注释 1.2　显然, t 模 T 是连续的, 当且仅当它既是左连续的又是右连续的.

例 1.4　$R_0($ 或 $T^{nM})$ t 模是左连续的而非右连续的:

$$R_0(x, y) = T^{nM}(x, y) = \begin{cases} 0, & x + y \leqslant 1, \\ \min\{x, y\}, & x + y > 1. \end{cases}$$

1.5　与 t 模相伴的剩余内涵

在模糊逻辑中, 不同的系统涉及不同的蕴涵算子, 而常见的模糊逻辑系统都选用与 t 模相伴的蕴涵算子, 即剩余内涵.

定义 1.23   设 $\otimes$ 是 $[0,1]$ 上的 t 模, $R : [0,1] \times [0,1] \to [0,1]$ 是 $[0,1]$ 上的二元函数. 如果

$$x \otimes y \leqslant z \text{当且仅当} x \leqslant R(y,z), \quad \forall x,y,z \in [0,1],$$

则称 R 是与 $\otimes$ 相伴随的蕴涵算子, 同时称 $(\otimes, R)$ 为伴随对, 此时常记 $R(x,y)$ 为 $x \to y$.

注释 1.3   与 4 个基本 t 模 T_M, T_L, T_P, T_D 及 T^{nM} (即 R_0 t 模) 相伴随的蕴涵算子分别如下:

$$R_M(x,y) = \begin{cases} 1, & x \leqslant y, \\ y, & x > y \end{cases} \text{(Gödel 蕴涵算子, 有时记为} R_G\text{);}$$

$$R_L(x,y) = \min\{1 - x + y, 1\} \text{(Lukasiewicz 蕴涵算子, 也被称为有界蕴涵算子);}$$

$$R_P(x,y) = \begin{cases} 1, & x = 0, \\ \min\{1, y/x\}, & x > 0 \end{cases} \text{(Goguen 蕴涵, 也被称为概率蕴涵算子);}$$

$$R_D(x,y) = \begin{cases} y, & x = 1, \\ 1, & x \neq 1 \end{cases} \text{(突变积蕴涵, 也称为突变蕴涵);}$$

$$R_0(x,y) = \begin{cases} 1, & x \leqslant y, \\ \max\{1 - x, y\}, & x > y \end{cases} \text{(}R_0 \text{蕴涵, 也被称为修正的 Kleene 蕴涵).}$$

1.6   模糊 (子) 集

定义 1.24   非空集合 A 的一个模糊子集 f 是一个映射 $f : A \to [0,1]$.

定义 1.25   令 f 是非空集合 A 的一个模糊子集, $\forall t \in [0,1]$, 集合

$$f_t = \{x | f(x) \geqslant t, x \in A\}$$

称为 f 的水平截集.

定义 1.26   对于一个集合 A 的模糊子集 μ, μ_1, μ_2, 对 $\forall x \in A$,

$$\mu^c(x) = 1 - \mu(x), \quad (\mu_1 \vee \mu_2)(x) = \mu_1(x) \vee \mu_2(x), \quad (\mu_1 \wedge \mu_2)(x) = \mu_1(x) \wedge \mu_2(x).$$

第 2 章

BL代数及滤子

1998 年, 捷克学者 Peter Hájek 为了给出基于连续三角模的 Basic Logic(简称 BL) 中完备性定理的一个代数证明, 提出了与 BL 相对应的 BL 代数的概念. BL 代数的主要例子是 [0, 1] 区间及其上由 t 模诱导的结构. 之后, Turunen 对 BL 代数的性质和结构特征作了系统的研究. 值得注意的是, MV 代数、格蕴涵代数、Gödel 代数以及乘积代数等著名的逻辑代数, 都可以看成是 BL 代数的特例, 因而对 BL 代数的研究可以看成是对这些代数结构之共同特征的研究, 比较有代表意义.

这一章我们将以逻辑代数的典型代表——BL 代数为例, 介绍其相应的较为常见的滤子及之间的一些关系. 本章的相关研究文献, 可参见文献 [2, 8, 10, 17, 18, 21, 22, 55, 62, 73, 79–84].

2.1　基本逻辑系统 BL

基本逻辑系统 BL 由 Hájek 提出, 已被证明是所有连续 t 模基逻辑的公共完备公理化系统.

定义 2.1　以下公式是基本逻辑系统 BL 的公理:

(1) $(\varphi \to \psi) \to (\psi \to \chi) \to (\varphi \to \chi)$;

(2) $(\varphi \& \psi) \to \varphi$;

(3) $(\varphi \& \psi) \to (\psi \& \varphi)$;

(4) $(\varphi \& (\varphi \to \psi)) \to (\psi \& (\psi \to \varphi))$;

(5) $(\varphi \to (\psi \to \chi)) \to ((\varphi \& \psi) \to \chi)$;

(6) $((\varphi \& \psi) \to \chi) \to (\varphi \to (\psi \to \chi))$;

(7) $(\varphi \to (\psi \to \chi)) \to (((\psi \to \varphi) \to \chi) \to \chi)$;

(8) $\bar{0} \to \varphi$.

BL 系统的推理规则是 MP 规则, 即由 φ 和 $\varphi \to \psi$ 推得 ψ.

注释 2.1   定义 2.1 中的公理 (3) 可由其他公理推出.

2.2   BL 代数

与基本逻辑系统 BL 相对应的逻辑代数结构就是 BL 代数. 以下介绍 BL 代数.

定义 2.2   BL 代数 $(A, \vee, \wedge, \odot, \to, 0, 1)$ 是一个 $(2,2,2,2,0,0)$ 型代数结构, 满足 $(A, \vee, \wedge, 0, 1)$ 是一个有界格, $(A, \odot, 1)$ 是一个交换拟群, 并且对于所有 $x, y, z \in A$, 以下条件成立:

(1) $x \odot y \leqslant z \Leftrightarrow x \leqslant y \to z$;

(2) $x \wedge y = x \odot (x \to y)$;

(3) $(x \to y) \vee (y \to x) = 1$.

我们约定在 BL 代数中, 运算 $\vee, \wedge, \odot$ 优于运算 $\to$.

下面给出 BL 代数的例子. 本章用 A 代表一个 BL 代数.

例 2.1   设 $A = \{0, a, b, 1\}$ 为链, 具有 Cayley 表如下:

$\odot$	0	a	b	1
0	0	0	0	0
a	0	a	a	a
b	0	a	a	b
1	0	a	b	1

$\to$	0	a	b	1
0	1	1	1	1
a	0	1	1	1
b	0	b	1	1
1	0	a	b	1

将 A 上的 $\wedge$ 和 $\vee$ 运算分别定义为取最小值和最大值, 则 $(A, \wedge, \vee, \odot, \to, 0, 1)$ 是一个 BL 代数.

在 BL 代数 A 中, 对于所有 $x \in A$, 我们定义 $x^- = x \to 0$.

由 BL 代数可以衍生出如下几种重要的逻辑代数.

定义 2.3 MV 代数 $(A, \oplus, -, 0, 1)$ 是一个 $(2, 1, 0, 0)$ 型代数结构, 满足 $(A, \oplus, 0)$ 是一个交换拟群, 并且对于所有 $x, y, z \in A$, 以下条件成立:

(1) $x^{--} = x$, $0^- = 1$;

(2) $x \oplus 1 = 1$;

(3) $(x^- \oplus y)^- = (y^- \oplus x)^- \oplus x$.

同样可以发现, MV 代数有以下等价形式.

定理 2.1 $(2, 0)$ 型代数结构 $(A, \rightarrow, 0)$ 是 MV 代数当且仅当对于所有 $x, y, z \in A$, 以下条件成立:

(1) $x \rightarrow (y \rightarrow z) = y \rightarrow (x \rightarrow z)$;

(2) $(x \rightarrow y) \rightarrow ((y \rightarrow z) \rightarrow (x \rightarrow z)) = 1$;

(3) $x \rightarrow x = 1$;

(4) $x \rightarrow y = y \rightarrow x = 1 \Rightarrow x = y$;

(5) $0 \rightarrow x = 1$;

(6) $(x \rightarrow 0) \rightarrow 0 = x$;

(7) $(x \rightarrow y) \rightarrow y = (y \rightarrow x) \rightarrow x$, 其中 $1 = 0 \rightarrow 0$.

MV 代数和 BL 代数关系密切. 令 $(A, \oplus, -, 0, 1)$ 是一个 MV 代数, 记 $x \odot y = (x^- \oplus y^-)^-$, 我们定义 $\rightarrow, \wedge, \vee$ 如下:

$$x \rightarrow y = (x \oplus y^{--}), \quad x \wedge y = x \oplus (x^- \odot y), \quad x \vee y = x \odot (x^- \oplus y),$$

则 $(A, \vee, \wedge, \oplus, \rightarrow, 0, 1)$ 是一个 BL 代数.

实质上, BL 代数 A 成为 MV 代数当且仅当对于所有 $x \in A$, $x^{--} = x$ 成立.

定义 2.4 满足如下条件的 BL 代数 $(A, \wedge, \vee, \otimes, \rightarrow, 0, 1)$ 称为乘积代数, 对于所有 $x, y, z \in A$, 以下条件成立:

(1) $z^{--} \leqslant (x \otimes z \rightarrow y \otimes z) \rightarrow (x \rightarrow y)$;

(2) $x \wedge x^- = 0$.

定义 2.5 满足幂等条件的 BL 代数 $(A, \wedge, \vee, \otimes, \rightarrow, 0, 1)$ 称为 Gödel 代数, 即对于所有 $x \in A$, 以下条件成立:

$$x \otimes x = x.$$

除了较为明显的逻辑关系, BL 代数还与其他逻辑代数有着丰富的内在联系, 这就促使我们对 BL 代数进行更加深入的了解.

命题 2.1 BL 代数是分配格.

证明   令 A 为 BL 代数, $a, b, c \in A$, 则

$$
\begin{aligned}
a \wedge (b \vee c) &= (b \vee c) \odot [(b \vee c) \to a] \\
&= b \odot [(b \vee c) \to a] \vee c \odot [(b \vee c) \to a] \\
&\leqslant [b \odot (b \to a)] \vee [c \odot (c \to a)] \\
&= (b \wedge a) \vee (c \wedge a) \\
&= (a \wedge b) \vee (a \wedge c).
\end{aligned}
$$

另外, $a \wedge b, a \wedge c \leqslant a \wedge (b \vee c)$, 所以

$$
(a \wedge b) \vee (a \wedge c) \leqslant a \wedge (b \vee c).
$$

综上, 我们得到 $(a \wedge b) \vee (a \wedge c) = a \wedge (b \vee c)$, 即 A 是一个分配格. ■
结合相关文献的研究成果, 我们有以下命题.

命题 2.2   对于 BL 代数 A, 所有 $x, y, z \in A$, 以下条件成立:

(1) $(x \odot y) \to z = x \to (y \to z)$;

(2) $x \odot y \leqslant x \wedge y \leqslant x$, $x \odot y \leqslant x \wedge y \leqslant y$;

(3) $x \leqslant y \Leftrightarrow x \to y = 1$;

(4) $x \to y = x \to (x \wedge y)$;

(5) $x \vee y = ((x \to y) \to y) \wedge ((y \to x) \to x)$;

(6) $x \leqslant y \to x$;

(7) $x \leqslant y \Rightarrow z \to x \leqslant z \to y$;

(8) $((y \to x) \to x) \to x = y \to x$;

(9) $x \odot x^- = 0$;

(10) $1 \to x = x$;

(11) $x \leqslant x^{--}$;

(12) $z \to x \leqslant (y \to z) \to (y \to x)$;

(13) $(x \odot y)^- = x \to y^-$;

(14) $x \vee y \to z = (x \to z) \wedge (y \to z)$;

(15) $(z \to x) \to (y \to x) \geqslant y \to z$;

(16) $(y \to x) \to x \geqslant y$;

(17) $x \leqslant y \Rightarrow y \to z \leqslant x \to z$;

(18) $z \to (y \to x) = y \to (z \to x)$.

在 A 中, 我们用 $B(A)$ 表示格 A 中由有互补元的元素构成的布尔代数.

命题 2.3 对于 $e \in A$, 以下是等价的:

(1) $e \in B(A)$;

(2) $e \odot e = e, e = e^{--}$;

(3) $e \odot e = e, e^{-} \to e = e$;

(4) $e \vee e^{-} = 1$, 对于任意 $x \in A$.

2.3 BL 代数的滤子 (演绎系统)

BL 代数 A 的滤子和演绎系统由貌似不同的方式进行定义, 但实质上是等价的结构.

定义 2.6 BL 代数 A 的滤子 F 是 A 的一个非空子集, 满足对于所有 $x, y \in A$:

(1) 若 $x, y \in F$, 则 $x \odot y \in F$;

(2) 若 $x \in F$, 且 $x \leqslant y$, 则 $y \in F$.

定义 2.7 BL 代数 A 的演绎系统 D 是 A 的一个非空子集, 满足对于所有 $x, y \in A$:

(1) $1 \in D$;

(2) $x, x \to y \in D$ 蕴涵 $y \in D$.

命题 2.4 BL 代数的演绎系统等价于滤子.

证明 令 D 是 BL 代数的一个演绎系统, 因为 $1 \in D$, 所以 D 非空. 进一步, 设 $a, b \in D$, 则

$$1 = a \to (b \to a \odot b) \in D,$$

所以 $b \to a \odot b \in D$, 进一步 $a \odot b \in D$.

假设 $a \in D, a \leqslant b$, 则 $a \to b = 1 \in D$, 即 $b \in D$, 因此 D 是一个滤子. ∎

很明显 $\{1\}$ 和 A 都是滤子, 称为平凡滤子.

命题 2.5 对于滤子 F 中的任何元素 a, $a \in F$ 当且仅当对任何自然数 n, $a^{n} \in F$.

证明 令 F 是 BL 代数的一个滤子, 若 $a \in F$, 则因为定义 2.6 中的 (1), 我们得到对任何自然数 n, $a^{n} \in F$. 反之, 若对任何自然数 n, $a^{n} \in F$, 由于 $a^{n} \leqslant a$, 所以有 $a \in F$. ∎

BL 代数 A 的滤子 F 称为真的, 若 $F \neq A$. 由 $x \odot x^{-} = 0$, 容易发现 F 为真的当且仅当 $0 \bar{\in} F$ 当且仅当不存在 F 中的元素 a, 使 $a \in F$ 和 $a^{-} \in F$ 同时满足.

显而易见, BL 代数的滤子同时也是格滤子, 这就是我们从格滤子的角度研究 BL 代数等逻辑代数的初衷.

命题 2.6 由 A 的非空子集 X 生成的滤子为

$$\langle X \rangle = \{a \in A | x_1 \odot \cdots \odot x_n \leqslant a, \text{对于某些} x_1, \cdots, x_n \in X\},$$

且 $X \subseteq \langle X \rangle$.

证明 显然, $1 \in \langle X \rangle$. 令 a 和 $a \to b \in \langle X \rangle$, 则存在 $x_1, \cdots, x_n \in X$, 满足

$$x_1 \odot \cdots \odot x_n \leqslant a, \quad y_1 \odot \cdots \odot y_m \leqslant a \to b.$$

因为 $x_1 \odot \cdots \odot x_n \odot y_1 \odot \cdots \odot y_m \leqslant a \odot (a \to b) \leqslant b$, 所以有 $b \in \langle X \rangle$, 因此 $\langle X \rangle$ 是一个滤子. 对于任何 $y \in X, y \leqslant y$, 所以有 $X \subseteq \langle X \rangle$. ■

此外, 如果 X 和 Y 是 A 的子集, 则由 X 和 Y 生成 A 的滤子用 $\langle X \cup Y \rangle$ 表示, 所以有

$$\langle X \cup Y \rangle = \{z \in A | x \odot y \leqslant z, \text{对于某些} x \in X, y \in Y\}.$$

如果 F 是滤子而且 $a \in A$, 那么就有

$$\langle F \cup \{a\} \rangle = \langle F \cup a \rangle = \{x | \exists u \in F, \exists n : u \odot a^n \leqslant x\}.$$

下面介绍 BL 代数的几种滤子.

2.3.1 BL 代数的极大滤子

定义 2.8 如果 A 的真滤子 F 不包含于任何真滤子之中, 则称其为极大滤子.

命题 2.7 BL 代数 A 的真滤子 F 是极大滤子当且仅当 $\forall x \in F, \exists n \in N$, 满足 $(x^n)^- \in F$.

证明 假设一个真滤子 F 是 A 的极大滤子. 如果 $x \bar{\in} F$, 则 $\langle F \cup x \rangle = A$, 因此对于某一 $n \in N, h \in F$,

$$x^n \odot h = 0,$$

则 $h \leqslant (x^n)^-$, 即 $(x^n)^- \in F$.

假设一个真滤子 F 不是 A 的极大滤子, 但满足以上条件. 即至少还有另一真滤子 G, 满足 $F \subseteq G$. 则可找某一 $a \in G \backslash F, (a^n)^- \in F \subseteq G, a^n \in G$, 即有 $0 \in G$, 与 G 是真滤子矛盾. ■

定义 2.9　BL 代数 A 中元素 x 的阶定义为使 $x^m = x \odot \cdots \odot x = 0$ 成立的最小的整数, 记为 $\mathrm{ord}\,(x) = m$. 如果这样的整数不存在, 则 $\mathrm{ord}\,(x) = \infty$. 若 A 的所有乘法非单位元都是有限阶的, 则称 BL 代数 A 是局部有限的.

命题 2.8　局部有限 BL 代数是线性的, 和局部有限 MV 代数相同, 同时也是 MV 代数.

令 F 是 A 的滤子, 则定义二元关系 $\equiv_F$ 为

$$x \equiv_F y \Leftrightarrow x \to y, \quad y \to x \in F.$$

易知 $\equiv_F$ 是同余关系, 且由 $\equiv_F$ 诱导的商结构 $A/F = \{[x]|x \in A\}$ 同样是一个 BL 代数.

可以发现, 具有自然运算的商集 A/F 都是 BL 代数. 这个代数叫作商 BL 代数, 它由 A/F 表示.

命题 2.9　令 F 是 BL 代数 A 的一个滤子, 则 F 是极大滤子当且仅当 A/F 是局部有限 MV 代数.

易知对于 BL 代数的 (极大) 滤子和 (极大) 同余关系间有一一对应的关系, 即有以下命题.

命题 2.10　对于 BL 代数 A,

(1) 如果 $\sim$ 是 A 的一个（极大）同余关系, 则 $F = \{a \in A|a \sim 1\}$ 是一个（极大）滤子.

(2) 如果 F 是 A 的一个（极大）滤子, 则 $x \sim y$ 当且仅当 $(x \to y) \odot (y \to x) \in F$ 是 A 的一个（极大）同余关系.

2.3.2　BL 代数的素滤子

定义 2.10　A 的真滤子 F 称为素的, 如果对于所有 $x, y \in A$, $x \vee y \in F$ 蕴涵着 $x \in F$ 或 $y \in F$.

命题 2.11　滤子 F 为素的当且仅当对于所有 $x, y \in A$,

$$x \to y \in F \text{ 或 } y \to x \in F.$$

证明　因为对于所有 $x, y \in A, (x \to y) \vee (y \to x) = 1 \in F$, 若 F 是 A 的一个素滤子, 则 $x \to y \in F$ 或 $y \to x \in F$.

反之, 若对于所有 $x, y \in A, x \to y \in F$ 或 $y \to x \in F$, 假设 $x \vee y \in A, x \to y \in F$. 由于 $x \vee y \leqslant (x \to y) \to y$, 因此 $(x \to y) \to y \subseteq F$, 所以 $y \in F$. 同理, $y \to x \in F$ 得到 $x \in F$, 即 F 是一个素滤子. ∎

命题 2.12　任何 BL 代数都包含一个素滤子.

命题 2.13　设 F 和 G 是 A 的两个滤子, 且满足 $F \subseteq G$. 如果 F 是 A 的一个素滤子, 则 G 也是.

证明　对于 $x, y \in A$, 假设 $x \vee y \in G$. 由于 F 是素的, 则 $x \to y \in F$ 或 $y \to x \in F$, 所以 $y \to x \in F \subseteq G$. 由 $x \vee y \leqslant (y \to x) \to x \in F$, 因此得到 $(y \to x) \to x \in G$, 进一步得到 $x \in G$, 即 G 是一个素滤子. ■

命题 2.14　设 F 是 A 的一个素滤子, 则集合 $T = \{G | F \subseteq G\}$ 关于集合的包含关系是线性序的.

证明　令 $E, D \in T$. 假设 $E \nsubseteq D, D \nsubseteq E$, 则存在 $a, b \in A$, 且满足 $a \in D, a \notin E, b \in E, b \notin D$. 由于 F 是素的, 故 $a \to b \in F$ 或 $b \to a \in F \subseteq G$.

假设 $a \to b \in F \subseteq D$, 得到 $b \in D$, 矛盾.

进一步假设 $b \to a \in F \subseteq E$, 得到 $a \in E$, 矛盾. 因此得到 $D \subseteq E$ 或 $E \subseteq D$. ■

显然, 极大滤子是素滤子.

命题 2.15　任何 BL 代数的真滤子都可以扩张成一个素滤子.

命题 2.16　令 F 是 BL 代数 A 的一个滤子, 则

(1) 商代数 A/F 是一个 BL 代数;

(2) A/F 是线性的当且仅当 F 是素滤子.

命题 2.17　在 BL 代数中, 以下条件等价:

(1) BL 代数是线性的;

(2) 它的所有真滤子是素滤子;

(3) $\{1\}$ 是素滤子.

2.3.3　BL 代数的正规滤子

定义 2.11　滤子 F 称为正规滤子, 如果对于 $x, y, z \in A$, $z \to ((y \to x) \to x) \in F$, $z \in F$ 则 $(x \to y) \to y \in F$.

例 2.2　令 $A = \{0, a, b, 1\}$, 定义 $\odot$ 和 $\to$ 运算如下:

$\odot$	0	a	b	1
0	0	0	0	0
a	0	0	a	a
b	0	a	b	b
1	0	a	b	1

→	0	a	b	1
0	1	1	1	1
a	a	1	1	1
b	0	a	1	1
1	0	a	b	1

可以发现 A 是一个 BL 代数, $F = \{b, 1\}$ 是一个正规滤子.

命题 2.18 令 F 是 A 的一个滤子, 满足 $(x \to y) \to x \in F$ 蕴涵 $x \in F$ 对于所有 $x, y \in A$, 则 F 是一个正规滤子.

命题 2.19 令 F 是 A 的一个滤子, 则 F 是正规滤子当且仅当 $(y \to x) \to x \in F$ 蕴涵 $(x \to y) \to y \in F$ 对于 $x, y \in A$.

在命题 2.19 中若取 $x = 0$, 我们易得以下结论.

命题 2.20 令 F 是 BL 代数 A 的一个滤子. 则 F 是正规滤子当且仅当 $x^{--} \in F$ 蕴涵 $x \in F$ 对于 $x \in A$.

由此可见, MV 代数的每一个滤子都是正规滤子.

2.3.4 BL 代数的奇异滤子

定义 2.12 令 F 是 BL 代数 A 的一个非空子集. 则 F 称为奇异滤子如果对于 $x, y, z \in A$, 以下条件成立:

(1) $1 \in F$;

(2) $z \to (y \to x) \in F$, $z \in F$ 蕴涵 $((x \to y) \to y) \to x \in F$.

同样很显然, BL 代数 A 的每一个奇异滤子都是滤子.

命题 2.21 令 F 是 A 的一个滤子, 则以下条件等价:

(1) F 是奇异滤子;

(2) $y \to x \in F$ 蕴涵 $((x \to y) \to y) \to x \in F$ 对于 $x, y \in A$;

(3) $x^{--} \to x \in F$, 对于 $x \in A$;

(4) $x \to z \in F$, $y \to z \in F$ 蕴涵 $((x \to y) \to y) \to z \in F$ 对于 $x, y, z \in A$.

证明 (1) $\Rightarrow$ (2). 令 F 是 A 的一个滤子, 且 $y \to x \in F$, 则 $1 \to (y \to x) = y \to x \in F$, $1 \in F$, 因此 $((x \to y) \to y) \to x \in F$.

(2) $\Rightarrow$ (1). 令 F 为满足条件的滤子, 且 $z \to (y \to x) \in F$, $z \in F$, 则 $y \to x \in F$, 所以

$$((x \to y) \to y) \to x \in F.$$

因此 F 是一个奇异滤子.

(2) $\Rightarrow$ (3). 在 (2) 中令 $y = 0$ 即可.

(3) $\Rightarrow$ (4). 令 $x \rightarrow z, y \rightarrow z \in F$ 对于所有 $x, y, z \in A$. 由 $x \rightarrow z \leqslant z^- \rightarrow x^- \in F, y \rightarrow z \leqslant z^- \rightarrow y^- \in F$, 所以 $(z^- \rightarrow x^-) \wedge (z^- \rightarrow y^-) \in F$. 故 $(z^- \rightarrow x^-) \wedge (z^- \rightarrow y^-) = z^- \rightarrow (x^- \wedge y^-) = z^- \rightarrow y^- \odot (y^- \rightarrow x^-) = z^- \rightarrow y^- \odot (y^- \rightarrow (x \rightarrow 0)) = z^- \rightarrow y^- \odot (x \rightarrow (y^- \rightarrow 0)) = z^- \rightarrow y^- \odot (x \rightarrow y^{--})$.

又由 $(z^- \rightarrow y^- \odot (x \rightarrow y^{--})) \rightarrow (z^- \rightarrow y^- \odot (x \rightarrow y)) \geqslant (y^- \odot (x \rightarrow y^{--})) \rightarrow (y^- \odot (x \rightarrow y)) \geqslant (x \rightarrow y^{--}) \rightarrow (x \rightarrow y) \geqslant y^{--} \rightarrow y \in F$, 因此 $z^- \rightarrow y^- \odot (x \rightarrow y) \in F$. 又 $z^- \rightarrow y^- \odot (x \rightarrow y) \leqslant (y^- \odot (x \rightarrow y))^- \rightarrow z^{--} = ((x \rightarrow y) \rightarrow y^{--}) \rightarrow z^{--} \in F$. 且 $(((x \rightarrow y) \rightarrow y^{--}) \rightarrow z^{--}) \rightarrow (((x \rightarrow y) \rightarrow y) \rightarrow z^{--}) \geqslant ((x \rightarrow y) \rightarrow y) \rightarrow ((x \rightarrow y) \rightarrow y^{--}) \geqslant y \rightarrow y^{--} = 1 \in F$, 所以 $((x \rightarrow y) \rightarrow y) \rightarrow z^{--} \in F$. 又 $(((x \rightarrow y) \rightarrow y) \rightarrow z^{--}) \rightarrow (((x \rightarrow y) \rightarrow y) \rightarrow z) \geqslant z^{--} \rightarrow z \in F$, 所以 $((x \rightarrow y) \rightarrow y) \rightarrow z \in F$.

(4) $\Rightarrow$ (2). 当 $z = x$ 时易知. ∎

由此可知 MV 代数的滤子都是奇异滤子.

命题 2.22　如果 F_1 和 F_2 是 BL 代数 A 的滤子, 且 $F_1 \subseteq F_2$ 和 F_1 是 A 的奇异滤子, 那么 F_2 也是 A 的奇异滤子.

命题 2.23　在 BL 代数中, 以下条件等价:

(1) 对于 $x, y \in A$,

$$((x \rightarrow y) \rightarrow y) \rightarrow x = y \rightarrow x.$$

(2) 它的所有真滤子是奇异滤子.

(3) $\{1\}$ 是奇异滤子.

命题 2.24　若 F 是 A 的滤子, 则 F 是奇异滤子当且仅当 A/F 是 MV 代数.

命题 2.25　F 是 BL 代数 A 的滤子, 则 F 是奇异滤子当且仅当商代数 A/F 的每一个滤子是奇异滤子.

2.3.5　BL 代数的蕴涵滤子

定义 2.13　令 F 是 A 的一个非空子集, F 称为蕴涵滤子, 对于所有 $x, y, z \in A$, 以下条件成立:

(1) $1 \in F$;

(2) $x \rightarrow (y \rightarrow z) \in F$, $x \rightarrow y \in F$ 蕴涵 $x \rightarrow z \in F$.

很显然, BL 代数 A 的每一个蕴涵滤子都是滤子.

定理 2.2　令 F 为 A 的一个滤子, 则 F 为蕴涵滤子当且仅当对每个 $a \in A$, $A_a = \{x \in A | a \rightarrow x \in F\}$ 是滤子.

证明　设 F 是 A 的蕴涵滤子, $a \in A$, 那么 $1 = a \to 1 \in A$, 因此 $1 \in A_a$. 此外, 假设 $x, x \to y \in A_a$, 即 $a \to x \in F$ 和 $a \to (x \to y) \in F$, 则得到 $a \to y \in F$, 因此 $y \in A_a$. 这意味着, 对于任意 $a \in A$, A_a 是 A 的滤子.

反之, 对于任意 $a \in A$, 令 A_a 为 A 的滤子. 假设 $x \to (y \to z) \in F$ 和 $x \to y \in F$, 则 $y \to z \in A_x$ 和 $y \in A_x$, 因此 $z \in A_x$, 即 $x \to z \in F$. 这意味着, F 是蕴涵滤子. ∎

命题 2.26　令 F 是 A 的一个非空子集, 则以下条件等价:

(1) F 是蕴涵滤子;

(2) F 是滤子, 满足 $y \to (y \to x) \in F$ 蕴涵 $y \to x \in F$ 对于 $x, y \in A$;

(3) F 是滤子, 满足 $z \to (y \to x) \in F$ 蕴涵 $(z \to y) \to (z \to x) \in F$ 对于 $x, y, z \in A$;

(4) $1 \in F$, $z \to (y \to (y \to x)) \in F$ 及 $z \in F$ 蕴涵 $y \to x \in F$ 对于 $x, y, z \in A$.

命题 2.27　如果 F_1 和 F_2 是 BL 代数 A 的滤子, 且 $F_1 \subseteq F_2$, 若 F_1 是 A 的蕴涵滤子, 那么 F_2 也是 A 的蕴涵滤子.

命题 2.28　在 BL 代数中, 以下条件等价:

(1) BL 代数是 Gödel 代数.

(2) 它的所有真滤子是蕴涵滤子.

(3) $\{1\}$ 是蕴涵滤子.

定理 2.3　令 F 为 A 的一个滤子, F 是蕴涵滤子当且仅当 A/F 是 Gödel 代数.

2.3.6　BL 代数的正蕴涵滤子

定义 2.14　令 F 是 A 的一个非空子集, F 称为 A 的正蕴涵滤子, 若其对于所有 $x, y, z \in A$, 以下条件成立:

(1) $1 \in F$;

(2) $x \to ((y \to z) \to y) \in F$, $x \in F$ 蕴涵 $y \in F$.

同样很显然, BL 代数 A 的每一个正蕴涵滤子都是滤子.

命题 2.29　A 的每个正蕴涵滤子都是一个蕴涵滤子.

证明　设 F 是 A 的正蕴涵滤子, $x, y, z \in A$, $x \to (y \to z) \in F$ 和 $x \to y \in F$. 则有

$$(x \to y) \to (x \to (x \to z)) \geqslant y \to (x \to z) = x \to (y \to z),$$

故
$$(x \to y) \to (x \to (x \to z)) \in F,$$

因此
$$x \to (x \to z) \in F.$$

由于 $((x \to z) \to z) \to (x \to z) \geqslant x \to (x \to z)$, 所以

$$((x \to z) \to z) \to (x \to z) \in F.$$

此外,
$$1 \to (((x \to z) \to z) \to (x \to z)) = ((x \to z) \to z) \to (x \to z),$$

并且由 $1 \to (((x \to z) \to z) \to (x \to z)) \in F$ 和 $1 \in F$, 得到

$$x \to z \in F.$$

因此 F 是一个蕴涵滤子. ∎

命题 2.30   如果 F_1 和 F_2 是 BL 代数 A 的滤子, 且 $F_1 \subseteq F_2$ 和 F_1 是 A 的正蕴涵滤子, 那么 F_2 也是 A 的正蕴涵滤子.

定理 2.4   令 F 为 A 的一个滤子, 则 F 为正蕴涵滤子当且仅当对每个 $x, y \in A$, $(x \to y) \to x \in F$ 蕴涵 $x \in F$.

命题 2.31   在 BL 代数中, 以下条件等价:

(1) BL 代数是布尔代数;

(2) 它的所有真滤子是正蕴涵滤子;

(3) $\{1\}$ 是正蕴涵滤子;

(4) $A(a) = \{x \in A | x \geqslant a\}$ 是正蕴涵滤子;

(5) 对每个 $x, y \in A$, $(x \to y) \to x = x$.

命题 2.32 F 是 BL 代数 A 的滤子, 则 F 是正蕴涵滤子当且仅当商代数 A/F 的每一个滤子是正蕴涵滤子.

2.3.7   BL 代数的布尔滤子

定义 2.15   令 F 是 A 的一个滤子, F 称为 A 的布尔滤子, 若其对于所有 $x \in A$, 满足 $x \vee x^- \in F$.

命题 2.33   在 BL 代数中, F 是一个滤子, 以下条件等价:

(1) F 是布尔滤子;

(2) 对每个 $x, y \in A$, $(x \to y) \to x \in F$ 蕴涵 $x \in F$;

(3) 对每个 $x \in A$, $(x^- \to y) \to x \in F$.

命题 2.34 如果 F_1 和 F_2 是 BL 代数 A 的滤子, 且 $F_1 \subseteq F_2$, 若 F_1 是 A 的布尔滤子, 那么 F_2 也是 A 的布尔滤子.

命题 2.35 BL 代数 A/F 是一个布尔代数当且仅当 F 是布尔滤子.

命题 2.36 在 BL 代数中, 以下条件等价:

(1) BL 代数是布尔代数;

(2) 它的所有真滤子是布尔滤子;

(3) $\{1\}$ 是布尔滤子;

(4) 对每个 $x, y \in A$, $(x \to y) \to x = x$.

2.3.8 BL 代数的超滤子

定义 2.16 设 F 是 A 的一个滤子, F 称为 A 的超滤子, 若其对于所有 $x \in A$, 满足 $x \in F$ 或 $x^- \in F$.

下面给出超滤子的例子.

例 2.3 设 $A = \{0, a, b, c, d, 1\}$. 定义 $\odot$ 和 $\to$ 如下:

$\odot$	0	a	b	c	d	1
0	0	0	0	0	0	0
a	0	d	c	0	d	a
b	0	c	b	c	0	b
c	0	0	c	0	0	c
d	0	d	0	0	d	d
1	0	a	b	c	d	1

$\to$	0	a	b	c	d	1
0	1	1	1	1	1	1
a	c	1	b	b	a	1
b	d	a	1	a	d	1
c	a	1	1	1	a	1
d	b	1	b	b	1	1
1	0	a	b	c	d	1

可以验证 $(A, \vee, \wedge, \odot, \to, 0, 1)$ 是 BL 代数, $F = \{a, d, 1\}$ 是一个滤子, 且容易验证 F 是 A 的超滤子.

2.3.9　BL 代数的固执滤子

定义 2.17　设 F 是 A 的一个真滤子, F 称为 A 的固执滤子, 若其对于所有 $x \in A$, 满足条件 $x \bar{\in} F$, $y \bar{\in} F$ 蕴涵着 $x \rightarrow y \in F$.

命题 2.37　A 的一个真滤子 F 是一个固执滤子当且仅当 $\forall x \in A$, 如果 $x \bar{\in} F$, 那么存在 $n(n \geqslant 1)$ 满足 $(x^-)^n \in F$.

证明　令 F 是 A 的一个固执滤子且 $x \bar{\in} F$, 则因为 $0, 1 \in F$, 我们有 $1 = 0 \rightarrow x \in F$ 和 $x^- = x \rightarrow 0 \in F$. 所以 $(x^-)^n \in F$, 此时 $n = 1$.

反之, 设 $x, y \bar{\in} F$. 则存在 $m, n(m, n \geqslant 1)$, 满足 $(x^-)^m \in F, (y^-)^n \in F$. 又因为 $(x^-)^m \leqslant x^- \leqslant x \rightarrow y, (y^-)^n \leqslant y^- \leqslant y \rightarrow x$, 则 $x \rightarrow y, y \rightarrow x \in F$, 所以 F 是一个固执滤子. ∎

定理 2.5　设 F 是 A 的真滤子, 则 F 是固执滤子当且仅当对于所有 $x \in A$, $x \in F$ 或 $x^- \in F$.

因此, 我们可以得出结论: BL 代数的固执滤子和超滤子是等价的. 下面给出固执滤子的例子.

例 2.4　设 $A = \{0, a, b, c, d, 1\}$. 定义 $\odot$ 和 $\rightarrow$ 如下:

$\odot$	0	a	b	c	d	1
0	0	0	0	0	0	0
a	0	0	a	0	0	a
b	0	a	b	0	a	b
c	0	0	0	c	c	c
d	0	0	a	c	c	d
1	0	a	b	c	d	1

$\rightarrow$	0	a	b	c	d	1
0	1	1	1	1	1	1
a	d	1	1	d	1	1
b	c	d	1	c	d	1
c	b	b	b	1	1	1
d	a	b	b	d	1	1
1	0	a	b	c	d	1

可以验证 $(A, \vee, \wedge, \odot, \rightarrow, 0, 1)$ 是 BL 代数, $F = \{c, d, 1\}$ 是一个滤子, 且很容易

验证 F 是 A 的固执滤子.

我们可以获得以下推论.

推论 2.1 设 F 是 A 的固执滤子, 则 A/F 是布尔代数.

定理 2.6 (固执滤子的扩展定理) 假设 F 和 G 是两个真滤子, 使得 $F \subseteq G$. 如果 F 是固执滤子, 则 G 也是固执滤子.

证明 设 F 是一个固执滤子且 $F \subseteq G$, 根据定理 2.5 可知, F 是极大滤子. 由于 G 是一个真滤子, 我们得到 $F = G$. 因此 G 是一个固执滤子. ■

命题 2.38 令 F 为一个固执滤子, 则 $D(F)$ 也是.

命题 2.39 令 F, G 和 I 为 A 的滤子, I 是一个固执滤子, 若 $F \cap G \subseteq I$, 则 $F \subseteq I$ 或 $G \subseteq I$.

引理 2.1 $\{1\}$ 是 A 的一个固执滤子当且仅当 A 的每一个滤子 F 都是固执滤子.

定理 2.7 设 F 为 A 的滤子, 则 F 为固执滤子当且仅当商代数 A/F 的每个滤子都是固执滤子.

2.4 BL 代数中滤子之间的相互关系

各种不同的滤子代表着各种不同的可证公式集, 它们之间的相互关系对于逻辑系统及相关代数的研究具有十分重要的意义, 因此在不同的逻辑代数中, 不同的滤子被定义和研究. 下面以我们介绍的 BL 代数为例, 罗列它的几种不同滤子之间的关系的一些结果.

定理 2.8 BL 代数 A 的每个正蕴涵滤子都是 A 的奇异滤子.

命题 2.40 如果 F 是 BL 代数 A 的极大滤子, 那么 F 也是 A 的奇异滤子.

命题 2.41 BL 代数的固执滤子是极大滤子.

证明 设 F 是 A 的一个固执滤子且非极大滤子, 则存在一个真滤子 G, 满足

$$F \subset G.$$

令 $a \in G$, 则存在 $m(m \geqslant 1)$, 满足

$$(a^-)^m \in F.$$

另外, 因为 $(x^-)^m \leqslant x^-$, 所以

$$a^- \in F \subset G.$$

我们得到 $a \odot a^- = 0 \in G$, 即 $G = A$, 矛盾.

我们可以找到 BL 代数的固执滤子和极大滤子等价的反例. 同样, 容易验证每个固执滤子都是素滤子, 但反之不成立. 以下例子说明了这一点.

例 2.5   令 $A = \{0, a, b, c, 1\}$. 定义 $\odot$ 和 $\to$ 如下:

$\odot$	0	c	a	b	1
0	0	0	0	0	0
c	0	c	c	c	c
a	0	c	a	c	a
b	0	c	c	b	b
1	0	c	a	b	1

$\to$	0	c	a	b	1
0	1	1	1	1	1
c	0	1	1	1	1
a	0	b	1	b	1
b	0	a	a	1	1
1	0	c	a	b	1

则 $(A, \vee, \wedge, \odot, \to, 0, 1)$ 是 BL 代数, 很明显, $F = \{b, 1\}$ 是素滤子, 但不是固执滤子. 因为, $a \bar{\in} F$ 和 $a^- = 0 \bar{\in} F$.

我们还可以发现, 如果 F 是一个固执滤子, 则 F 是一个奇异滤子, 但反过来是不正确的.

定理 2.9   设 F 是 A 的固执滤子, 那么 F 是正规滤子.

作为上述定理的应用, 我们得到如果 F 是一个固执滤子, 则 $D(F) = F$, 但反过来可能不是真的. 以下示例表明正规滤子可能不是固执滤子.

例 2.6   设 $A = \{0, a, b, c, d, 1\}$. 定义 $\odot$ 和 $\to$ 如下:

$\odot$	1	a	b	c	d	0
1	1	a	b	c	d	0
a	a	b	b	d	0	0
b	b	b	b	0	0	0
c	c	d	0	c	d	0
d	d	0	0	d	0	0
0	0	0	0	0	0	0

→	1	a	b	c	d	0
1	1	a	b	c	d	0
a	1	1	a	c	c	d
b	1	1	1	c	c	c
c	1	a	b	1	a	b
d	1	1	a	1	1	a
0	1	1	1	1	1	1

则 $(A, \vee, \wedge, \odot, \rightarrow, 0, 1)$ 是 BL 代数, 很显然 $F = \{c, 1\}$ 是正规滤子. 根据之前定理, F 不是固执滤子. 因为, 我们有 $a \in F$ 和 $a^- = d \in F$.

定理 2.10　BL 代数的滤子是布尔滤子当且仅当它是一个蕴涵滤子和奇异滤子.

定理 2.11　(1) BL 代数的极大蕴涵滤子或极大正蕴涵滤子都是奇异滤子.

(2) BL 代数的正蕴涵滤子是蕴涵滤子, 但反之不成立.

第 3 章

BL代数的模糊滤子理论

逻辑代数关于滤子的关系存在很多公开问题, 例如关于 BL 代数的滤子之间的关系, 大量的文献从不同角度进行了研究, 也产生了不少公开问题. 如文献 [18] 指出 BL 代数的每一个奇异滤子是正规滤子. 并提出了两个公开的问题, 即 "Under what suitable condition a normal filter becomes a fantastic filter?" (在什么样的合适条件下, 一个正规滤子成为一个奇异滤子?) 和 "(Extension property for a normal filter) Under what suitable condition extension property for normal filter holds?" ((正规滤子的拓展性定理) 在什么合适的条件下正规滤子的拓展性成立?)

诸如此类的滤子公开问题在不同的逻辑代数中均有不少, 由此可见, 滤子在研究相应逻辑代数中扮演着重要的角色, 更说明对于滤子的研究缺乏有效而统一规范的手段. 在本章中, 我们通过介绍 BL 代数的模糊滤子理论, 解决关于其滤子的公开问题, 展示逻辑代数滤子的模糊化研究方法. 相关文献请参见 [33, 85–87].

3.1 BL 代数的模糊滤子

为了进一步研究 BL 代数的滤子, 受以前所做工作的启发, 我们将 BL 代数的滤子模糊化.

定义 3.1 设 f 是 A 中的一个模糊子集, f 称为模糊滤子, 对于所有 $t \in [0, 1]$, f_t 为空或是 A 的一个滤子.

易知 F 是 A 的一个滤子当且仅当 χ_F 是 A 的一个模糊滤子, 其中 χ_F 是 F 的特征函数.

以下我们给出模糊子集成为模糊滤子的等价条件.

命题 3.1 设 f 是 A 的一个模糊子集. 以下条件等价:

(1) f 是 A 的模糊滤子;

(2) $f(1) \geqslant f(x)$, $f(y) \geqslant f(x) \wedge f(x \to y)$ 对于所有 $x, y \in A$.

证明 $(1) \Rightarrow (2)$. 对于任意 $x \in A$, 令 $t_0 = f(x)$, 则 $x \in f_{t_0}$. 因为 f_{t_0} 是 A 的一个滤子, 则 $1 \in f_{t_0}$, 即

$$f(1) \geqslant t_0 = f(x).$$

对于任意 $x, y \in A$, 令 $t_1 = f(x) \wedge f(x \to y)$, 则 $x, x \to y \in f_{t_1}$. 因为 f_{t_1} 是一个滤子, 我们有 $y \in f_{t_1}$, 即

$$f(y) \geqslant t_1 = f(x) \wedge f(x \to y).$$

因此 (2) 成立.

$(2) \Rightarrow (1)$. 对于任意 $t \in [0, 1]$, 如果 $f_t \neq \varnothing$, 则存在一个 $x_0 \in f_t$, 满足 $f(x_0) \geqslant t$. 由 (2) 我们有 $f(1) \geqslant f(x_0)$, 因此 $1 \in f_t$.

如果 $x, x \to y \in f_t$, 则 $f(x) \geqslant t, f(x \to y) \geqslant t$, 结合 (2), 我们有 $f(y) \geqslant t$, 即 $y \in f_t$, 即 f_t 是一个滤子, 因此 f 是一个模糊滤子. ∎

命题 3.2 设 f 是 A 的一个模糊子集, f 是 A 的模糊滤子当且仅当对于所有 $x, y, z \in A, x \to (y \to z) = 1$ 或意味着 $f(z) \geqslant f(x) \wedge f(y)$.

证明 设 f 是一个模糊滤子. 则

$$f(z) \geqslant f(y) \wedge f(y \to z), \quad f(y \to z) \geqslant f(x) \wedge f(x \to (y \to z)).$$

若 $x \to (y \to z) = 1$, 有

$$f(y \to z) \geqslant f(1) \wedge f(x) = f(x).$$

因此

$$f(z) \geqslant f(y) \wedge f(y \to z) \geqslant f(y) \wedge f(x).$$

反之, 因为 $x \to (x \to 1) = 1$, 则

$$f(1) \geqslant f(x) \wedge f(x) = f(x).$$

由 $(x \to y) \to (x \to y) = 1$, 有

$$f(y) \geqslant f(x) \wedge f(x \to y).$$

所以 f 是一个模糊滤子. ∎

推论 3.1　设 f 是 A 的一个模糊子集, f 是 A 的模糊滤子当且仅当对于所有 $x, y, z \in A, x \odot y \leqslant z$ 或 $y \odot x \leqslant z$ 意味着 $f(z) \geqslant f(x) \wedge f(y)$.

命题 3.3　设 f 是 A 的一个模糊子集, f 是 A 的模糊滤子当且仅当

(1) f 是保序的;

(2) $f(x \odot y) \geqslant f(x) \wedge f(y)$ 对于所有 $x, y \in A$.

证明　令 f 是 A 的一个模糊滤子, 若 $x \leqslant y$, 则 $x \odot x \leqslant x \leqslant y$, 即有

$$f(y) \geqslant f(x) \wedge f(x) = f(x).$$

因为 $x \odot y \leqslant x \odot y$, 所以

$$f(x \odot y) \geqslant f(x) \wedge f(y).$$

相反, 对于所有 $x, y, z \in A$, 若 $x \odot y \leqslant z$ 或 $y \odot x \leqslant z$, 由 (1) 和 (2), 我们有

$$f(z) \geqslant f(x) \wedge f(y),$$

即 f 是一个模糊滤子.

我们容易得到以下结论.

推论 3.2　设 f 是 A 的一个保序的模糊子集, f 是一个模糊滤子当且仅当对于所有 $x, y \in A, f(x \odot y) = f(x) \wedge f(y)$.

推论 3.3　设 f 是 A 的一个模糊滤子, 则对于所有 $x \in A$,

$$f(x) = f(x \odot x) = f(x \odot x \odot \cdots \odot x).$$

推论 3.4　设 f 是 A 的一个模糊滤子, 则对于所有 $x, y \in A$,

$$f(x \odot y) = f(y \odot x).$$

命题 3.4　设 f 是 A 的一个模糊滤子, 则对于所有 $x, y \in A$,

$$f(x \wedge y) = f(x) \wedge f(y).$$

证明　$x \odot y \leqslant x \wedge y$, 则

$$f(x \wedge y) \geqslant f(x \odot y) \geqslant f(x) \wedge f(y).$$

因为 f 是保序的, 所以 $f(x \wedge y) \leqslant f(x) \wedge f(y)$, 则有

$$f(x \wedge y) = f(x) \wedge f(y).$$

引理 3.1 设 f 是 A 的一个模糊滤子, 对于所有 $x, y \in A$, 若 $f(x \to y) = f(1)$, 则 $f(x) \leqslant f(y)$.

证明 设 $f(x) = t$, 则 $x \in f_t$. 如果 $f(x \to y) = f(1)$, 即 $x \to y \in f_{f(1)}$, 则 $x \to y \in f_t$. 因为 f_t 是一个滤子, 所以有 $y \in f_t$. 因而 $f(y) \geqslant t = f(x)$. ∎

命题 3.5 设 f_i $(i = 1, 2)$ 是 A 的模糊滤子, 则 $f_1 \wedge f_2$ 是 A 的模糊滤子.

证明 若 $x \to (y \to z) = 1$, 对于 $x, y, z \in A$, 则有

$$
\begin{aligned}
(f_1 \wedge f_2)(z) &= f_1(z) \wedge f_2(z) \geqslant f_1(x) \wedge f_1(y) \wedge f_2(x) \wedge f_2(y) \\
&= (f_1(x) \wedge f_2(x)) \wedge (f_1(y) \wedge f_2(y)) \\
&= (f_1 \wedge f_2)(x) \wedge (f_1 \wedge f_2)(y).
\end{aligned}
$$

因此 $f_1 \wedge f_2$ 是 A 的模糊滤子. ∎

推论 3.5 设 f_i $(i \in \tau)$ 是 A 的模糊滤子. 则 $\bigwedge\limits_{i \in \tau} f_i$ 是 A 的模糊滤子.

下面将 BL 代数的几种滤子模糊化, 以利于我们研究它们之间的关系.

3.1.1 BL 代数的模糊蕴涵滤子

定义 3.2 A 的模糊子集 f 称为模糊蕴涵滤子, 如果对于所有 $x, y, z \in A$, 以下条件成立:

(1) $f(1) \geqslant f(x)$;

(2) $f(x \to z) \geqslant f(x \to (y \to z)) \wedge f(x \to y)$.

定理 3.1 令 f 为 A 的模糊滤子, 则以下条件等价:

(1) f 为模糊蕴涵滤子;

(2) $f(y \to x) \geqslant f(y \to (y \to x))$, 对于所有 $x, y \in A$;

(3) $f(y \to x) \geqslant f(z \to (y \to (y \to x))) \wedge f(z)$, 对于所有 $x, y, z \in A$;

(4) $f(x \to x \odot x) = f(1)$, 对于所有 $x \in A$;

(5) $f(x \to (y \to z)) \leqslant f((x \to y) \to (x \to z))$;

(6) $f(x \to (y \to z)) = f((x \to y) \to (x \to z))$;

(7) $f(x \odot y \to z) = f(x \wedge y \to z)$.

证明 $(1) \Rightarrow (2)$. 令 f 是 A 的模糊蕴涵滤子, 且 $f(y \to (y \to x)) = t$, 则 $y \to (y \to x) \in f_t$. 又 $y \to y = 1 \in f_t$, 因此 $y \to x \in f_t$, 即

$$
f(y \to x) \geqslant t = f(y \to (y \to x)).
$$

相反的不等式易证.

(2) $\Rightarrow$ (3). 令 f 为满足条件的模糊滤子, 且 $f(z \to (y \to (y \to x))) \wedge f(z) = t$, 则 $z \to (y \to (y \to x)) \in f_t$ 及 $z \in f_t$. 故 $y \to (y \to x) \in f_t$, 因此 $f(y \to x) = f(y \to (y \to x)) \geqslant t$, 即

$$f(y \to x) \geqslant f(z \to (y \to (y \to x))) \wedge f(z).$$

(3) $\Rightarrow$ (1). 对于所有 $x, y, z \in A$, 令 $f(x \to (y \to z)) \wedge f(x \to y) = t$, 则 $x \to (y \to z), x \to y \in f_t$. 因为 $x \to (y \to z) = y \to (x \to z) \leqslant (x \to y) \to (x \to (x \to z)) \in f_t$, 所以

$$x \to z \in f_t,$$

即 f 是模糊蕴涵滤子.

(1) $\Rightarrow$ (4). 令 f 为 A 的模糊蕴涵滤子, 对于所有 $x \in A$,

$$f(x \to (x \to x \odot x)) = f(x \odot x \to x \odot x) = f(1), \quad f(x \to x) = f(1),$$

因此 $f(x \to x \odot x) = f(1)$.

(4) $\Rightarrow$ (1). 令 f 为满足条件的模糊滤子, 且 $f(x \to (y \to z)) \wedge f(x \to y) = t$, 则 $x \to (y \to z) \in f_t, x \to y \in f_t$. 因此 $(x \to (y \to z)) \odot (x \to y) \odot x \odot x \leqslant (y \to z) \odot y \leqslant z$, 所以 $(x \to (y \to z)) \odot (x \to y) \leqslant x \odot x \to z \leqslant (x \to x \odot x) \to (x \to z) \in f_t$, 故 $x \to z \in f_t$, 即

$$f(x \to z) \geqslant t = f(x \to (y \to z)) \wedge f(x \to y),$$

所以 f 是模糊蕴涵滤子.

(5) $\sim$ (7) 证明方法相似, 此处略. ■

3.1.2　BL 代数的模糊正蕴涵滤子

定义 3.3　A 的模糊子集 f 称为模糊正蕴涵滤子, 如果对于所有 $x, y, z \in A$, 以下条件成立:

(1) $f(1) \geqslant f(x)$;

(2) $f(y) \geqslant f(x \to ((y \to z) \to y)) \wedge f(x)$.

定理 3.2　令 f 为 BL 代数 A 的模糊滤子, 则以下条件等价:

(1) f 为模糊正蕴涵滤子;

(2) $f(x) = f((x \to y) \to x)$, 对于所有 $x, y \in A$;

(3) $f((x^- \to x) \to x) = f(1)$, 对于所有 $x \in A$.

证明　(1) $\Rightarrow$ (2). 令 f 是 A 的模糊正蕴涵滤子, 且 $f((x \to y) \to x) = t$. 则 $(x \to y) \to x \in f_t$. 又 $1 \to ((x \to y) \to x) = (x \to y) \to x \in f_t$ 及 $1 \in f_t$, 因此 $x \in f_t$, 即

$$f(x) \geqslant t = f((x \to y) \to x).$$

相反的不等式易证.

(2) $\Rightarrow$ (1). 令 f 为满足条件的模糊滤子, 且令 $f(x \to ((y \to z) \to y)) \wedge f(x) = t$, 则 $x \to ((y \to z) \to y) \in f_t$ 及 $x \in f_t$. 那么 $(y \to z) \to y \in f_t$, 所以 $y \in f_t$, 即

$$f(y) \geqslant f(x \to ((y \to z) \to y)) \wedge f(x).$$

(2) $\Rightarrow$ (3).　对于 $\forall x \in A$, $f(((((x^- \to x) \to x) \to 0) \to ((x^- \to x) \to x)) = f((x^- \to x) \to ((((x^- \to x) \to x) \to 0) \to x)) \geqslant (((x^- \to x) \to x) \to 0) \to x^- = ((((x^- \to x) \to x) \to 0) \to (x \to 0) \geqslant x \to ((x^- \to x) \to x) = f(1)$, 则

$$f(((((x^- \to x) \to x) \to 0) \to ((x^- \to x) \to x)) = f(1).$$

所以 $f((x^- \to x) \to x) = f(1)$.

(3) $\Rightarrow$ (2). 令 f 为满足条件的模糊滤子, 且 $f((x \to y) \to x) = t$, 则 $(x \to y) \to x \leqslant x^- \to x \in f_t$. 又 $f((x^- \to x) \to x) = f(1)$, 则 $(x^- \to x) \to x \in f_t$, 所以 $x \in f_t$, 因此 $f(x) \geqslant f((x \to y) \to x)$. 相反的不等式易证.　∎

3.1.3　BL 代数的模糊正规滤子

定义 3.4　A 的模糊滤子 f 称为模糊正规滤子, 如果对于所有 $x, y, z \in A$, 以下条件成立:

$$f((x \to y) \to y) \geqslant f(z \to ((y \to x) \to x)) \wedge f(z).$$

定理 3.3　A 的模糊滤子 f 是模糊正规滤子当且仅当 $f((y \to x) \to x) = f((x \to y) \to y)$ 对于所有 $x, y \in A$.

证明　令 f 为 A 的模糊正规滤子, 且 $f((y \to x) \to x) = t$, 则

$$(y \to x) \to x \in f_t.$$

因为 $1 \to ((y \to x) \to x) = (y \to x) \to x \in f_t$, $1 \in f_t$, 又 f_t 是正规滤子, 因此

$$(x \to y) \to y \in f_t,$$

即
$$f((x \to y) \to y) \geqslant t = f((y \to x) \to x).$$

对偶地我们得到 $f((x \to y) \to y) \leqslant f((y \to x) \to x)$.

相反, 令 $f(z \to ((y \to x) \to x)) \wedge f(z) = t$, 则
$$z \to ((y \to x) \to x), \quad z \in f_t.$$

因 f_t 是滤子, 故
$$(y \to x) \to x \in f_t.$$

同理可得 $(x \to y) \to y \in f_t$, 因此
$$f((x \to y) \to y) \geqslant t = f(z \to ((y \to x) \to x)) \wedge f(z).$$

所以 f 是 A 的模糊正规滤子.

定理 3.4 A 的模糊滤子 f 是模糊正规滤子当且仅当 $f(x^{--}) = f(x)$ 对于所有 $x \in A$.

证明   在以上定理 3.3 中, 令 $y = 0$ 可知必要性显然.

相反, 对于所有 $x, y \in A$, 令 $f((x \to y) \to y) = t$, 则
$$(x \to y) \to y \in f_t.$$

当 $y = 0$ 时, 有 $x^{--} \in f_t$, 因此我们得到 $x \in f_t$, 所以
$$x \leqslant (y \to x) \to x \in f_t.$$

即
$$f((y \to x) \to x) \geqslant t = f((x \to y) \to y).$$

对偶地, 我们得到
$$f((y \to x) \to x) \leqslant f((x \to y) \to y).$$

因此 f 是 A 的模糊正规滤子.

定理 3.5 A 的模糊滤子 f 是模糊正规滤子当且仅当对于所有 $x, y \in A$
$$f(y) \geqslant f(x) \wedge f((x \to y)^{--}).$$

证明 因为 f_t 是一个滤子, 由定理 3.4 可得结论. 相反地, 令 $f(x^{--}) = t$, 则

$$f((1 \to x)^{--}) = t,$$

我们得到

$$f(x) \geqslant f(1) \wedge f((1 \to x)^{--}) = f((1 \to x)^{--}) = t = f(x^{--}),$$

即 f 是模糊正规滤子.

定理 3.6 A 的模糊蕴涵滤子 f 是模糊正规滤子当且仅当 $f((x \to y) \to x) = f(x)$ 对于所有 $x, y \in A$.

证明 令 f 是 A 的满足 $f((x \to y) \to x) = f(x)$(对于任意 $x, y \in A$) 的模糊蕴涵滤子. 令 $f((x \to y) \to y) = t$, 则有

$$(x \to y) \to y \leqslant (y \to x) \to ((x \to y) \to x) = (x \to y) \to ((y \to x) \to x).$$

因 f_t 为滤子, 故

$$(x \to y) \to ((y \to x) \to x) \in f_t.$$

另外我们有 $x \leqslant (y \to x) \to x$, 因此

$$((y \to x) \to x) \to y \leqslant x \to y,$$

所以

$$(x \to y) \to ((y \to x) \to x) \leqslant (((y \to x) \to x) \to y) \to ((y \to x) \to x).$$

我们得到

$$(((y \to x) \to x) \to y) \to ((y \to x) \to x) \in f_t,$$

即 $(y \to x) \to x \in f_t$, 有

$$f((y \to x) \to x) \geqslant t = f((x \to y) \to y).$$

对偶地, 我们得到

$$f((y \to x) \to x) \leqslant f((x \to y) \to y).$$

因此 f 是模糊正规滤子.

相反地, 令 $f((x \to y) \to x) = t$, 则

$$(x \to y) \to x \in f_t.$$

由文献 [18] 的推论 2, 我们得到

$$f((x \to y) \to x) \leqslant f(x).$$

由 $(x \to y) \to x \geqslant x$ 及 f 的保序性, 我们有

$$f((x \to y) \to x) = f(x).$$

∎

推论 3.6　如果 A 的模糊滤子 f 满足 $f((x \to y) \to x) = f(x)$ 对于所有 $x, y \in A$, 则 f 是模糊正规滤子.

推论 3.7　如果 A 的模糊滤子 f 满足 $f(x^- \to x) = f(x)$ 对于所有 $x \in A$, 则 f 是模糊正规滤子.

由以上定理 3.6 及推论 3.7, 我们得到以下定理.

定理 3.7　令 f 为 A 的模糊蕴涵滤子, 则对于所有 $x, y \in A$, 以下条件等价:

(1) f 是模糊正规滤子;

(2) 模糊滤子 f 满足 $f((x \to y) \to x) = f(x)$;

(3) 模糊滤子 f 满足 $f(x^- \to x) = f(x)$.

3.1.4　BL 代数的模糊奇异滤子

定义 3.5　A 的模糊子集 f 称为模糊奇异的, 如果对于所有 $x, y, z \in A$, 以下条件成立:

(1) $f(1) \geqslant f(x)$;

(2) $f(((x \to y) \to y) \to x) \geqslant f(z \to (y \to x)) \wedge f(z)$.

定理 3.8　令 f 为 A 的模糊滤子, 则以下条件等价:

(1) f 为模糊奇异滤子;

(2) $f(y \to x) = f(((x \to y) \to y) \to x)$, 对于所有 $x, y \in A$;

(3) $f(x^{--} \to x) = f(1)$, 对于所有 $x \in A$;

(4) $f(((x \to y) \to y) \to z) \geqslant f(x \to z) \wedge f(y \to z)$, 对于所有 $x, y, z \in A$;

(5) $f(y \to x) = f(x^- \to y^-)$;

(6) $f(y^- \to x) = f(x^- \to y)$.

证明　(1) $\Rightarrow$ (2). 令 f 是 A 的模糊奇异滤子, 且 $f(y \to x) = t$. 则 $y \to x \in f_t$. 因此 $1 \to (y \to x) = y \to x \in f_t$, $1 \in f_t$, 故有 $((x \to y) \to y) \to x \in f_t$, 即 $f(((x \to y) \to y) \to x) \geqslant t = f(y \to x)$. 因为 $((x \to y) \to y) \to x \leqslant y \to x$, 所以有 $f(((x \to y) \to y) \to x) \leqslant f(y \to x)$. 因此 $f(((x \to y) \to y) \to x) = f(y \to x)$.

$(2) \Rightarrow (1)$. 令 f 是满足条件的滤子, 且 $f(z \to (y \to x)) \wedge f(z) = t$, 则 $z \to (y \to x) \in f_t$, $z \in f_t$. 我们有 $y \to x \in f_t$, 所以 $f(((x \to y) \to y) \to x) \geqslant t$, 即 $((x \to y) \to y) \to x \in f_t$. 因此 f 是模糊奇异滤子.

$(2) \Rightarrow (3)$. 在 (2) 中令 $y = 0$.

$(3) \Rightarrow (4)$. 对于所有 $x, y, z \in A$, 令 $f(x \to z) \wedge f(y \to z) = t$, 则 $x \to z, y \to z \in f_t$. 因为 $x \to z \leqslant z^- \to x^- \in f_t, y \to z \leqslant z^- \to y^- \in f_t$, 所以 $(z^- \to x^-) \wedge (z^- \to y^-) \in f_t$. 又有 $(z^- \to x^-) \wedge (z^- \to y^-) = z^- \to (x^- \wedge y^-) = z^- \to y^- \odot (y^- \to x^-) = z^- \to y^- \odot (y^- \to (x \to 0)) = z^- \to y^- \odot (x \to (y^- \to 0)) = z^- \to y^- \odot (x \to y^{--})$.

我们又有 $(z^- \to y^- \odot (x \to y^{--})) \to (z^- \to y^- \odot (x \to y)) \geqslant (y^- \odot (x \to y^{--})) \to (y^- \odot (x \to y)) \geqslant (x \to y^{--}) \to (x \to y) \geqslant y^{--} \to y \in f_t$, 所以 $z^- \to y^- \odot (x \to y) \in f_t$. 又有 $z^- \to y^- \odot (x \to y) \leqslant (y^- \odot (x \to y))^- \to z^{--} = ((x \to y) \to y^{--}) \to z^{--} \in f_t$. 进一步, $(((x \to y) \to y^{--}) \to z^{--}) \to (((x \to y) \to y) \to z^{--}) \geqslant ((x \to y) \to y) \to ((x \to y) \to y^{--}) \geqslant y \to y^{--} = 1 \in f_t$, 所以 $((x \to y) \to y) \to z^{--} \in f_t$. 另 $(((x \to y) \to y) \to z^{--}) \to (((x \to y) \to y) \to z) \geqslant z^{--} \to z \in f_t$, 所以 $((x \to y) \to y) \to z \in f_t$, 即 $f(((x \to y) \to y) \to z) \geqslant t = f(x \to z) \wedge f(y \to z)$.

$(4) \Rightarrow (2)$. 当 $z = x$ 易证.

$(5) \Leftrightarrow (1)$ 若 f 是模糊奇异滤子. 令 $f(x^- \to y^-) = t$, 则 $f(x^- \to y^-) \leqslant f(y^{--} \to x^{--}) \leqslant f(y \to x^{--})$, 有 $f((x^- \to y^-) \to (y \to x)) \geqslant f((y \to x^{--}) \to (y \to x)) \geqslant f(x^{--} \to x) = f(1)$, 即 $f((x^- \to y^-) \to (y \to x)) = f(1)$ 和 $f(x^- \to y^-) \leqslant f(y \to x)$, 结合 $f(x^- \to y^-) \geqslant f(y \to x)$, 我们得到 $f(y \to x) = f(x^- \to y^-)$. 相反地, 由 $f(x^- \to x^{---}) = f(1)$, 我们得到 $f(x^{--} \to x) = f(1)$, 则 f 是模糊奇异滤子.

$(6) \Leftrightarrow (1)$ 若 f 是模糊奇异滤子则有 $f(x^- \to y) \leqslant f(x^- \to y^{--}) = f(y^- \to x)$, 同样地, 我们得到 $f(y^- \to x) \leqslant f(x^- \to y)$, 则 $f(y^- \to x) = f(x^- \to y)$. 相反地, 因为 $f(x^- \to x^-) = f(1)$, 则由假设, $f(x^{--} \to x) = f(1)$, 即 f 是模糊奇异滤子. ■

推论 3.8 A 的每一个模糊奇异滤子都是模糊正规滤子.

推论 3.9 A 的每一个模糊正规滤子都是模糊奇异滤子, 如果引理 3.1 的逆条件成立.

证明 对于 A 的任意模糊滤子 f, f 是模糊正规的当且仅当对于所有 $x \in A$, $f(x^{--}) = f(x)$ 当且仅当对于所有 $x \in A$, $f(x^{--}) \leqslant f(x)$, 则我们得到对于所有 $x \in A$, $f(x^{--} \to x) = f(1)$, 即 f 是模糊奇异滤子. ■

3.1.5　BL 代数的模糊布尔滤子

定义 3.6　令 f 是 A 的模糊滤子, f 称为 A 的模糊布尔滤子, 如果对于所有 $x \in A$, $f(x \vee x^-) = f(1)$.

定理 3.9　设 f 是 A 的模糊布尔滤子, 对于所有 $x, y \in A$, 以下条件成立:

(1) $f((x \to x^-) \to x^-) = f((x^- \to x) \to x) = f(1)$;

(2) $f(x \to x^-) = f(x^-)$;

(3) $f(x^{--}) = f(x)$;

(4) $f(x^- \to x) = f(x)$;

(5) $f((x \to y) \to x) = f(x)$;

(6) $f(((y \to x) \to x) \to y) = f(x \to y)$;

(7) $f((y \to x) \to x) = f((x \to y) \to y)$;

(8) $f((y \to x) \to x) \geqslant f((x \to y) \to y)$;

(9) $f(x \to y) = f(x \odot x \to y) = f((x \odot x \odot \cdots \odot x) \to y)$;

(10) $f(x \to z) \geqslant f(x \to (y \to z)) \wedge f(x \to y)$.

证明　(1) $f(x \vee x^-) = f(((x \to x^-) \to x^-) \wedge ((x^- \to x) \to x)) = f((x \to x^-) \to x^-) \wedge f((x^- \to x) \to x) = f(1)$, 即得.

(2) 由 (1) 和引理 3.1, 我们得到结果.

(3) 由 (6), (10) 及引理 3.1 和命题 2.33, 我们得到结果.

(4) 由 (5), 我们得到结果.

(5) 令 $f((x \to y) \to x) = t$, 则 $(x \to y) \to x \in f_t$. 又因为 $(x \to y) \to x \leqslant x^- \to x$, 所以 $x^- \to x \in f_t$. 由 (1), $(x^- \to x) \to x \in f_t$. 我们有 $x \in f_t$, 则 $f(x) \geqslant t = f((x \to y) \to x)$. 相反的不等式易证, 所以有 $f(x) = f((x \to y) \to x)$.

(6) 令 $f(x \to y) = t$, 则 $x \to y \in f_t$. 由 $y \to x \leqslant ((y \to x) \to x) \to x$, 我们有 $(y \to x) \to (((y \to x) \to x) \to y) \geqslant (((y \to x) \to x) \to x) \to (((y \to x) \to x) \to y) \geqslant x \to y \in f_t$, 即 $(y \to x) \to (((y \to x) \to x) \to y) \in f_t$. 由 $y \leqslant ((y \to x) \to x) \to y, y \to x \geqslant (((y \to x) \to x) \to y) \to x$. 又由 $((((y \to x) \to x) \to y) \to x) \to (((y \to x) \to x) \to y) \geqslant (y \to x) \to (((y \to x) \to x) \to y) \in f_t$. 即 $((((y \to x) \to x) \to y) \to x) \to (((y \to x) \to x) \to y) \in f_t$. 应用 (5), 我们有 $((y \to x) \to x) \to y \in f_t$, 即 $f(((y \to x) \to x) \to y) \geqslant t$. 相反的不等式易证.

(7) 设 $f((x \to y) \to y) = t$, 则 $(x \to y) \to y \in f_t$. $(x \to y) \to y \leqslant (y \to x) \to ((x \to y) \to x) = (x \to y) \to ((y \to x) \to x)$. 由 $x \to y \geqslant ((y \to x) \to x) \to y$, $(x \to y) \to ((y \to x) \to x) \leqslant (((y \to x) \to x) \to y) \to ((y \to x) \to x)$. 由以

上结果我们有 $(x \to y) \to y \leqslant (((y \to x) \to x) \to y) \to ((y \to x) \to x)$. 因此 $(((y \to x) \to x) \to y) \to ((y \to x) \to x) \in f_t$. 则我们有 $(y \to x) \to x \in f_t$, 即 $f((y \to x) \to x) \geqslant f((x \to y) \to y)$. 类似地, 我们可证 $f((y \to x) \to x) \leqslant f((x \to y) \to y)$.

(8) 设 $f((x \to y) \to y) = t$, 即 $(x \to y) \to y \in f_t$. 则 $(x \to y) \to y \leqslant (y \to x) \to ((x \to y) \to x) = (x \to y) \to ((y \to x) \to x)$. 又由 $x \to y \geqslant ((y \to x) \to x) \to y$, $(x \to y) \to ((y \to x) \to x) \leqslant (((y \to x) \to x) \to y) \to ((y \to x) \to x)$. 结合以上结果, 我们有 $(x \to y) \to y \leqslant (((y \to x) \to x) \to y) \to ((y \to x) \to x)$. 因此 $(((y \to x) \to x) \to y) \to ((y \to x) \to x) \in f_t$. 应用 (5), 我们得到 $(y \to x) \to x \in f_t$. 相似地, 我们得到 $f((x \to y) \to y) \leqslant f((y \to x) \to x)$.

(9) 令 $f(x \to (x \to y)) = t$, 则 $x \to (x \to y) \in f_t$. 又由 $x \to (x \to y) \leqslant ((x \to y) \to y) \to (x \to y)$. 则 $((x \to y) \to y) \to (x \to y) \in f_t$. 应用 (5), 我们有 $f(x \to y) \geqslant t = f(x \to (x \to y))$. 相反的不等式显然, 则有 $f(x \to y) = f(x \to (x \to y)) = f(x \odot x \to y)$. 通过归纳, 得到结果.

(10) 与之前相仿, 易证.   ■

定理 3.10 设 f 是 A 的一个模糊滤子. f 是一个模糊布尔滤子当且仅当对 $\forall t \in [0,1]$, f_t 或空或为 A 的布尔滤子.

证明 假设 f 是 A 的模糊布尔滤子. 若 $f_t \neq \varnothing$, 则 f_t 是 A 的滤子, 且 $1 \in f_t$. 即 $f(x \vee x^-) \geqslant t$, 则 $x \vee x^- \in f_t$, f_t 是 A 的布尔滤子.

相反地, $1 \in f_{f(1)}$, $f_{f(1)}$ 是 A 的布尔滤子, 则对于所有 $x \in A, x \vee x^- \in f_{f(1)}$, $f(x \vee x^-) = f(1)$, f 是 A 的布尔滤子.   ■

定理 3.11 设 f 是 A 的一个滤子. f 是模糊布尔滤子当且仅当 $f_{f(1)}$ 是布尔滤子.

证明 必要性显然. 假设 $f_{f(1)}$ 是布尔滤子, 对于所有 $t \in [0,1]$, 如果 $f_t \neq \varnothing$, 则 $f_{f(1)} \subseteq f_t$, 所以对于所有 $x \in A$, $x \vee x^- \in f_t$, f_t 是 A 的布尔滤子.   ■

推论 3.10 设 F 是 A 的非空子集. F 是 A 的布尔滤子当且仅当 χ_F 是 A 的模糊布尔滤子.

下面给出模糊布尔滤子的等价条件.

定理 3.12 设 f 是 A 的一个滤子, 对于所有 $x, y, z \in A$, 以下条件等价:

(1) f 是 A 的模糊布尔滤子;

(2) $f(x \to (y^- \to y)) \leqslant f(x \to y)$;

(3) $f(x \to y) = f(x \to (y^- \to y))$;

(4) $f(x) = f((x \to y) \to x)$;

(5) $f(x^- \to x) = f(x^- \odot \cdots \odot x^- \to x) = f(x)$;

(6) $f(x \to z) \geqslant f(x \to (z^- \to y)) \wedge f(y \to z)$;

(7) $f((x^- \to x) \to x) = f(1)$;

(8) $f((x \to y) \to x) \leqslant f(x)$;

(9) $f(x \to z) \geqslant f(y \to (x \to (z^- \to z))) \wedge f(y)$;

(10) $f(x) \geqslant f(z \to ((x \to y) \to x)) \wedge f(z)$.

证明 (1) $\Rightarrow$ (2). 设 $f(x \to (y^- \to y)) = t$, 则 f_t 是布尔滤子, 且 $x \to (y^- \to y) \in f_t$. $y^- \vee y = ((y^- \to y) \to y) \wedge ((y \to y^-) \to y^-) \leqslant (y^- \to y) \to y$, 则 $(y^- \to y) \to y \in f_t$. $(y^- \to y) \to y \leqslant (x \to (y^- \to y)) \to (x \to y)$, 则 $x \to y \in f_t$, $f(x \to y) \geqslant t = f(x \to (y^- \to y))$. 因为 $x \to y \leqslant x \to (y^- \to y)$, 所以 $f(x \to y) \leqslant f(x \to (y^- \to y))$, 由模糊滤子的保序性, 得 $f(x \to y) = f(x \to (y^- \to y))$.

(2) $\Rightarrow$ (3). 显然.

(3) $\Rightarrow$ (4). 设 $f((x \to y) \to x) = t$, 则 f_t 是一个滤子, 且 $(x \to y) \to x \in f_t$. $(x \to y) \to x \leqslant x^- \to x$, 则 $x^- \to x \in f_t$. $1 \to (x^- \to x) = x^- \to x \in f_t$, 由 (2), 我们有 $f(x) = f(1 \to x) = f(1 \to (x^- \to x)) \geqslant t = f((x \to y) \to x)$, 且 $f(x) \leqslant f((x \to y) \to x)$, 则 $f(x) = f((x \to y) \to x)$.

(4) $\Rightarrow$ (1). 因为 $(((x^- \to x) \to x) \to 0) \to ((x^- \to x) \to x) = (x^\sim \to x) \to ((((x^- \to x) \to x) \to 0) \to x) \geqslant (((x^- \to x) \to x) \to 0) \to x^- = (((x^- \to x) \to x) \to 0) \to (x \to 0) \geqslant x \to ((x^- \to x) \to x) = (x^- \to x) \odot x \to x = 1$, 由 (3), 有 $f((((x^- \to x) \to x) \to 0) \to ((x^- \to x) \to x)) = f(1) = f((x^- \to x) \to x)$, 则 $(x^- \to x) \to x \in f_{f(1)}$. 进一步, 对于所有 $x \in A$, $(x^- \to x) \to x \leqslant (x^- \to x) \to (x \vee x^-)$, $(x \vee x^-) \to x \leqslant x^- \to x$, 且 $(x^- \to x) \to (x \vee x^-) \leqslant ((x \vee x^-) \to x) \to (x \vee x^-)$. 由 $(x^- \to x) \to x \in f_{f(1)}$, 我们有 $((x \vee x^-) \to x) \to (x \vee x^-) \in f_{f(1)}$, 即 $f(((x \vee x^-) \to x) \to (x \vee x^-)) = f(1)$. 由 (3), 我们有 $f(x \vee x^\sim) = f(1)$. 同理我们也能得到 $f(x \vee x^-) = f(1)$. 因此 f 是模糊布尔滤子.

(5), (6) 易证.

(7) 必要性显然. 令 $f((x^- \to x) \to x) = f(1)$, 则 $f(x^- \to x) \leqslant f(x)$. 由 $x \to 0 \leqslant x \to y$, 得到 $f((x \to y) \to x) \leqslant f(x^- \to x)$, 所以 $f((x \to y) \to x) \leqslant f(x)$, 即 f 是模糊布尔滤子.

(8) $\sim$ (10) 类似可证. ∎

对于模糊布尔滤子, 我们可以得到以下推论.

推论 3.11 A 的每一个模糊正蕴涵滤子等价于一个模糊布尔滤子.

推论 3.12 A 的每一个模糊布尔滤子都是模糊正规滤子.

下面给出模糊超滤子和模糊固执滤子的定义及性质.

3.1.6 BL 代数的模糊超滤子

定义 3.7 A 的模糊滤子 f 称为模糊超滤子, 如果以下条件成立:

$$f(x) = f(1) 或 f(x^-) = f(1), \quad 对于所有 \ x \in A.$$

定理 3.13 设 f 是 A 的一个模糊滤子. f 是模糊超滤子当且仅当对于 $\forall t \in [0,1]$, f_t 或空或为超滤子.

证明 假设 f 是一个模糊超滤子. 对于所有 $x \in A$ 和 $t \in [0,1]$, 假设 $f_t \neq \varnothing$ 且 $x \bar{\in} f_t$, 则 $f(x) < t$. 故

$$f(x^-) = f(1) \geqslant t, \quad 即 x^- \in f_t.$$

因此 f_t 是一个超滤子.

相反地, 因为 $1 \in f_{f(1)}$, 所以 $f_{f(1)} \neq \varnothing$, 且 $f_{f(1)}$ 是一个超滤子. 如果 $x \bar{\in} f_{f(1)}$, 则 $x^- \in f_{f(1)}$, 即 $f(x^-) = f(1)$. 因此 f 是模糊超滤子. ∎

定理 3.14 设 f 是 A 的一个模糊子集. f 是模糊超滤子当且仅当 $f_{f(1)}$ 是超滤子.

证明 必要性显然. 设 $f_{f(1)}$ 是超滤子, 如果 $x \bar{\in} f_{f(1)}$, 则 $x^- \in f_{f(1)}$, 即 $f(x^-) = f(1)$. 因此 f 是模糊超滤子. ∎

推论 3.13 A 的一个非空子集 F 是 A 的超滤子当且仅当 χ_F 是 A 的模糊超滤子.

3.1.7 BL 代数的模糊固执滤子

定义 3.8 A 的模糊滤子 f 称为模糊固执滤子, 如果以下条件成立:

$$f(x) \neq f(1), \quad f(y) \neq f(1) 蕴涵 f(x \to y) = f(1), \quad 对于所有 \ x, y \in A.$$

定理 3.15 BL 代数的模糊固执滤子等价于模糊超滤子.

定理 3.16 设 f 是 A 的一个模糊滤子. f 是模糊固执滤子当且仅当对于 $\forall t \in [0,1]$, f_t 或空或为固执滤子.

证明 假设 f 是一个模糊固执滤子. 对任意 $t \in (f(1), 1]$, $f_t = \varnothing$. 对所有 $x, y \in H$, 如果 $f(x) \neq f(1), f(y) \neq f(1), t \in [0, f(1)]$, 假设 $f_t \neq \varnothing$, $x \bar{\in} f_t$, $y \bar{\in} f_t$, 则

$$f(1) \neq f(x) < t 且 f(1) \neq f(y) < t.$$

因为 f 是一个模糊固执滤子, 则

$$f(x \rightarrow y) = f(1) \geqslant t, \quad f(y \rightarrow x) = f(1) \geqslant t,$$

即

$$x \rightarrow y \in f_t, \quad y \rightarrow x \in f_t.$$

因此 f_t 是一个固执滤子.

反之, $1 \in f_{f(1)} \neq \varnothing$. 因为 $f_{f(1)}$ 是一个固执滤子, 若 $x \in f_{f(1)}, y \in f_{f(1)}$, 则

$$x \rightarrow y \in f_{f(1)}, \quad y \rightarrow x \in f_{f(1)},$$

即若 $f(x) \neq f(1), f(y) \neq f(1)$, 则

$$f(x \rightarrow y) = f(1), \quad f(y \rightarrow x) = f(1).$$

因此 f 是一个模糊固执滤子.　　　　　　　　　　　　　　　　　　　　　■

定理 3.17　设 f 是 A 的一个模糊滤子. f 是一个模糊固执滤子当且仅当 $f_{f(1)}$ 是 A 的一个固执滤子.

证明　必要性显然. 设 $f_{f(1)}$ 是一个固执滤子, 如果 $x \in f_{f(1)}, y \in f_{f(1)}$, 则

$$x \rightarrow y \in f_{f(1)}, \quad y \rightarrow x \in f_{f(1)},$$

即如果 $f(x) \neq f(1), f(y) \neq f(1)$, 则

$$f(x \rightarrow y) = f(1), \quad f(y \rightarrow x) = f(1).$$

因此 f 是一个模糊固执滤子.　　　　　　　　　　　　　　　　　　　　■

推论 3.14　A 的一个非空子集 F 是 A 的模糊固执滤子当且仅当 χ_F 是 A 的固执滤子.

3.1.8　BL 代数的模糊素滤子

素滤子在滤子及各种代数中扮演着重要的角色, 以下我们引入模糊素滤子, 并讨论它的等价条件和相关性质.

定义 3.9　A 的模糊滤子 f 称为 A 的一个模糊素滤子, 如果对于 $\forall t \in [0,1]$, $f_t = \varnothing$ 或 f_t 是 A 的一个素滤子.

命题 3.6　设 f 是 A 的非常数模糊滤子. f 是模糊素滤子当且仅当对于所有 $x, y \in A$,

$$f(x \vee y) \leqslant f(x) \vee f(y).$$

证明 设 f 是 A 的模糊素滤子. 对于所有 $x, y \in A$, 设 $t = f(x \vee y)$, 则 f_t 是 A 的滤子, 且 $x \vee y \in f_t$. 若 $f_t = A$, 则 $x, y \in f_t$, 因此 $f(x \vee y) \leqslant f(x) \vee f(y)$. 若 $f_t \neq A$, 因为 f_t 是素滤子, 则 $x \vee y \in f_t$ 意味着 $x \in f_t$ 或 $y \in f_t$, 即 $f(x) \geqslant t$ 或 $f(y) \geqslant t$. 所以 $f(x \vee y) \leqslant f(x) \vee f(y)$.

相反地, 对于任意 $t \in [0, 1]$, 若 $f_t \neq \varnothing$, 则 f_t 是一个滤子. 若 $f_t \neq A$, $x \vee y \in f_t$, 则 $f(x \vee y) \geqslant t$, 因此 $f(x) \vee f(y) \geqslant t$, 即 $x \in f_t$ 或 $y \in f_t$. 所以 f 是一个模糊素滤子. ■

每一个模糊滤子 f 是保序的, 因此我们有以下推论.

推论 3.15 设 f 是 A 的一个非常数模糊滤子. f 是模糊素滤子当且仅当对于所有 $x, y \in A$, $f(x \vee y) = f(x) \vee f(y)$.

定理 3.18 设 f 是 A 的一个非常数模糊滤子. f 是模糊素滤子当且仅当 $f_{f(1)}$ 是 A 的素滤子.

证明 因为 f 是一个非常数模糊滤子, 有 $f(0) < f(1)$, 所以 $0 \bar{\in} f_{f(1)}$, 则 $f_{f(1)}$ 是 A 的一个素滤子.

相反地, 因为对于所有 $x, y \in A$, $(x \to y) \vee (y \to x) = 1 \in f_{f(1)}$, 则

$$x \to y \in f_{f(1)} 或 y \to x \in f_{f(1)}.$$

这说明

$$(x \vee y) \to y = x \to y \in f_{f(1)} 或 (x \vee y) \to x = y \to x \in f_{f(1)}.$$

因此

$$f((x \vee y) \to y) = f(1) 或 f((x \vee y) \to x) = f(1).$$

我们得到

$$f(y) \geqslant f((x \vee y) \to y) \wedge f(x \vee y) = f(x \vee y) 或 f(x) \geqslant f((x \vee y) \to x) \wedge f(x \vee y) = f(x \vee y).$$

因此

$$f(x) \vee f(y) \geqslant f(x \vee y),$$

即 f 是模糊素滤子. ■

推论 3.16 一个非空子集 F 是 A 的素滤子当且仅当 χ_F 是 A 的模糊素滤子.

定理 3.19 设 f 是 A 的一个非常数模糊滤子. 以下条件等价:

(1) f 是 A 的一个模糊素滤子;

(2) $f(x \to y) = f(1)$ 或 $f(y \to x) = f(1)$ 对于所有 $x, y \in A$.

证明　f 是模糊素滤子当且仅当 $f_{f(1)}$ 是素滤子当且仅当 $x \to y \in f_{f(1)}$ 或 $y \to x \in f_{f(1)}$, 当且仅当 $f(x \to y) = f(1)$ 或 $f(y \to x) = f(1)$. ■

命题 3.7　设 f 是 A 的模糊素滤子, 且 $\alpha \in [0, f(1))$, 则 $f \vee \alpha$ 也是 A 的模糊素滤子, 其中 $(f \vee \alpha)(x) = f(x) \vee \alpha$ 对于所有 $x \in A$.

证明　对于所有 $x, y, z \in A$, 若 $x \odot y \leqslant z$, 则 $f(z) \geqslant f(x) \wedge f(y)$, 且 $(f \vee \alpha)(z) \geqslant (f(x) \wedge f(y)) \vee \alpha = (f \vee \alpha)(x) \wedge (f \vee \alpha)(y)$, 因此 $f \vee \alpha$ 是 A 的模糊滤子.

因为 $\alpha < f(1)$, 所以 $(f \vee \alpha)(1) = f(1) \vee \alpha = f(1) \neq (f \vee \alpha)(0)$, 因此 $f \vee \alpha$ 是一个非常数模糊滤子, 则 $(f \vee \alpha)(x \vee y) = f(x \vee y) \vee \alpha = f(x) \vee f(y) \vee \alpha = (f \vee \alpha)(x) \vee (f \vee \alpha)(y)$, 因而 $f \vee \alpha$ 也是模糊素滤子. ■

3.2　BL 代数模糊滤子之间的关系

以下, 我们给出这些模糊滤子之间的关系.

定理 3.20　令 f 是 A 的模糊滤子, 则 f 是模糊正规 (奇异、(正) 蕴涵、布尔、素、固执、超) 滤子当且仅当对于每一 $t \in [0, 1]$, f_t 为空或是正规 (奇异、(正) 蕴涵、布尔、素、固执、超) 滤子.

证明　若 f 是 A 的模糊正规滤子. 对于任意 $x, y, z \in A$, 若 $f_t \neq \varnothing$, 且 $z, z \to ((y \to x) \to x) \in f_t$, 有

$$f((x \to y) \to y) \geqslant f(z \to ((y \to x) \to x)) \wedge f(z) \geqslant t.$$

因此,

$$(x \to y) \to y \in f_t,$$

即 f_t 是正规滤子.

相反, 假设对于每一 $t \in [0, 1]$, f_t 为空或为正规滤子, 令

$$t = f(z \to ((y \to x) \to x)) \wedge f(z),$$

则

$$z \to ((y \to x) \to x), \quad z \in f_t.$$

因此 f_t 是正规滤子. 所以

$$(x \to y) \to y \in f_t,$$

即

$$f((x \to y) \to y) \geqslant f(z \to ((y \to x) \to x)) \wedge f(z),$$

所以 f 是模糊正规滤子.

同理, 我们可以得到其他结果.

定理 3.21 令 f 是 A 的模糊滤子, 则 f 是模糊正规 (奇异、(正) 蕴涵、布尔、素、固执、超) 滤子当且仅当 $f_{f(1)}$ 为空或是正规 (奇异、(正) 蕴涵、布尔、素、固执、超) 滤子.

证明 必要性显然. 若 $f_{f(1)}$ 是正规滤子, 对于任意 $t \in [0,1]$, 如果 $f_t \neq \varnothing$, 假设 $z \to ((y \to x) \to x), z \in f_{f(1)}$, 有

$$(x \to y) \to y \in f_{f(1)}, \quad f(z \to ((y \to x) \to x)) = f(1), \quad f(z) = f(1),$$

故

$$f((x \to y) \to y) = f(1) \geqslant f(z \to ((y \to x) \to x)) \wedge f(z).$$

因此 f 是 A 的模糊正规滤子.

同理, 我们可以得到其他结果.

推论 3.17 令 F 是 A 的滤子. F 是正规 (奇异、(正) 蕴涵、布尔、素、固执、超) 滤子当且仅当 χ_F 是模糊正规 (奇异、(正) 蕴涵、布尔、素、固执、超) 滤子. 此处 χ_F 代表 F 的特征函数.

定理 3.22 设 f 和 g 是 A 的两个模糊滤子且满足

$$f \leqslant g, \quad f(1) = g(1).$$

如果 f 是 A 的一个模糊素 (布尔、超、固执) 滤子, 则 g 也是.

证明 假设 f 是模糊素滤子, 则 $f(x \to y) = f(1)$ 或 $f(y \to x) = f(1)$ 对所有 $x, y \in A$. 如果 $f(x \to y) = f(1)$, 由 $f \leqslant g$ 和 $f(1) = g(1)$, 有 $g(x \to y) = g(1)$. 类似地, 如果 $f(y \to x) = f(1)$, 则 $g(y \to x) = g(1)$. 我们得到 g 是一个模糊素滤子.

同理, 我们得到其余结果.

定理 3.23 设 f 是 A 的一个非常数模糊滤子. 以下条件等价:

(1) f 是 A 的模糊超滤子;

(2) f 是 A 的模糊素滤子和模糊布尔滤子;

(3) f 是 A 的模糊固执滤子.

证明 (1) $\Rightarrow$ (2). 设 $x \in A$, 由 $f(x), f(x^-) \leqslant f(x \vee x^-)$ 和 $f(x) \vee f(x^-) = f(1)$, 得到 $f(1) = f(x \vee x^-)$. 对偶地, 我们有 $f(1) = f(x \vee x^\sim)$, 则 f 是 A 的模糊布尔滤子. 因为 $f(x \vee y) = f(((x \to y) \to y) \wedge ((y \to x) \to x)) \leqslant f((x \to y) \to y), (x \to y) \to y \leqslant x^\sim \to y$, 则 $f((x \to y) \to y) \leqslant f(x^\sim \to y)$. 因此 $f(x \vee y) \leqslant f(x^\sim \to y)$. 对

于所有 $x, y \in A$, 如果 $f(x) = f(1)$, 则 $f(x \vee y) \leqslant f(1) = f(x) \leqslant f(x) \vee f(y)$. 如果 $f(x) \neq f(1)$, 则 $f(x^-) = f(x^\sim) = f(1)$, $f(y) \geqslant f(x^\sim) \wedge f(x^\sim \to y) = f(1) \wedge f(x^\sim \to y) = f(x^\sim \to y)$, 因此 $f(x \vee y) \leqslant f(y) \leqslant f(x) \vee f(y)$. 所以 f 是 A 的模糊素滤子.

(2) $\Rightarrow$ (1). 对于所有 $x \in A$, $f(x \vee x^-) = f(x \vee x^\sim) = f(1) = f(x) \vee f(x^-) = f(x) \vee f(x^\sim)$. 如果 $f(x) \neq f(1)$, 则 $f(x^-) = f(x^\sim) = f(1)$. 因此 f 是 A 的模糊超滤子.

(1) $\Rightarrow$ (3). 设 $x, y \in A$, $f(x) \neq f(1), f(y) \neq f(1)$. 则 $f(x^-) = f(x^\sim) = f(1)$, 且 $f(y^-) = f(y^\sim) = f(1)$. 因为 $x^- \leqslant x \to y$, 则 $f(x \to y) \geqslant f(x^-) = f(1)$, 所以 $f(x \to y) = f(1)$. 相似地, 我们可得到 $f(x \to y) = f(1)$. 因此 f 是模糊固执滤子.

(3) $\Rightarrow$ (1). 设 $x \in A$, $f(x) \neq f(1)$. 因为 f 是 A 的非常数模糊滤子, 则 $f(0) \neq f(1)$, 且 $f(x \to 0) = f(x \hookrightarrow 0) = f(1)$, 即 $f(x^-) = f(x^\sim) = f(1)$. 所以 f 是模糊超滤子. ∎

定理 3.24　BL 代数 A 的模糊超滤子是模糊奇异滤子.

证明　假设 f 是模糊超滤子. 如果 $f(x) = f(1)$, 有

$$f(x) \leqslant f(x^{--} \to x),$$

我们得到

$$f(x^{--} \to x) = f(1).$$

如果 $f(x^-) = f(1)$, 得到

$$f((x \to 0) \to (x^{--} \to x)) = f(x^{--} \to ((x \to 0) \to x)) \geqslant f(0 \to x) = f(1),$$

因而

$$f(x^{--} \to x) = f(1),$$

所以 f 是模糊奇异滤子. ∎

定理 3.25　A 的每一个模糊正蕴涵滤子都是模糊奇异滤子.

证明　令 f 为模糊正蕴涵滤子, 且对于任意 $x, y \in A$, 令 $f(y \to x) = t$, 则 $y \to x \in f_t$, 有 $x \leqslant ((x \to y) \to y) \to x$, 因此

$$(((x \to y) \to y) \to x) \to y \leqslant x \to y.$$

进一步, $(((((x \to y) \to y) \to x) \to y) \to (((x \to y) \to y) \to x) \geqslant (x \to y) \to (((x \to y) \to y) \to x) = ((x \to y) \to y) \to ((x \to y) \to x) \geqslant y \to x$. 因为 $y \to x \in f_t$, 所以

$$(((((x \to y) \to y) \to x) \to y) \to (((x \to y) \to y) \to x) \in f_t.$$

因此我们得到

$$((x \to y) \to y) \to x \in f_t,$$

即 f 是模糊奇异滤子.

推论 3.18 模糊正蕴涵滤子 f 是模糊正规滤子.

定理 3.26 BL 代数的每一个模糊正规滤子和模糊蕴涵滤子都是模糊正蕴涵滤子.

证明 令 f 为 A 的模糊正规滤子和模糊蕴涵滤子, 对于所有 $x, y, z \in A$, 令 $f(x) \wedge f(x \to ((y \to z) \to y)) = t$, 则 $x \in f_t$, $x \to ((y \to z) \to y) \in f_t$. 即 $(y \to z) \to y \in f_t$, 且 $(y \to z) \to y \leqslant (y \to z) \to ((y \to z) \to z)$, 因此 $(y \to z) \to ((y \to z) \to z) \in f_t$. 由 f_t 是蕴涵滤子, 我们得到 $(y \to z) \to z \in f_t$, 即 $(z \to y) \to y \in f_t$. 由 $(y \to z) \to y \leqslant z \to y$, 有 $z \to y \in f_t$, 结合 $(z \to y) \to y \in f_t$, 则 $y \in f_t$. 所以 f_t 是 A 的正蕴涵滤子, 因此 f 是 A 的模糊正蕴涵滤子.

推论 3.19 BL 代数的每一个满足 $f((y \to x) \to x) = f((x \to y) \to y)$(对于所有 $x, y \in A$) 的模糊蕴涵滤子都是模糊正蕴涵滤子.

我们可得以下的定理.

定理 3.27 BL 代数的每一个模糊正规蕴涵滤子都是模糊奇异滤子.

证明 令 $f(y \to x) = t$, 则 $y \to x \in f_t$. 我们有 $x \leqslant ((x \to y) \to y) \to x$, 所以

$$(((x \to y) \to y) \to x) \to y \leqslant x \to y.$$

进一步, $((((x \to y) \to y) \to x) \to y) \to (((x \to y) \to y) \to x) \geqslant (x \to y) \to (((x \to y) \to y) \to x) = ((x \to y) \to y) \to ((x \to y) \to x) \geqslant y \to x$. 因为 $y \to x \in f_t$, 所以

$$(((((x \to y) \to y) \to x) \to y) \to (((x \to y) \to y) \to x) \in f_t.$$

因此有

$$((x \to y) \to y) \to x \in f_t,$$

即 f 是模糊奇异滤子.

定理 3.28 BL 代数的每一个模糊正规固执滤子都是模糊奇异滤子.

证明 令 f 是 A 的一个模糊正规固执滤子, 则 $f(x^{--}) = f(x)$. 若 $f(x^{--}) = f(x) = f(1)$, 则 $f(x^{--} \to x) \geqslant f(x) = f(1)$, 因此

$$f(x^{--} \to x) = f(1).$$

进一步, 若 $f(x^{--}) = f(x) \neq f(1)$, 因为 f 是模糊固执滤子, 故

$$f(x^{--} \to x) = f(1),$$

因此 f 是模糊奇异滤子. ■

由模糊固执滤子和模糊超滤子的等价性, 我们得到以下性质.

定理 3.29　BL 代数的每一个模糊正规超滤子都是模糊奇异滤子.

推论 3.20　模糊奇异滤子是模糊正规滤子.

推论 3.21　模糊正规滤子是模糊奇异滤子如果引理 3.1 的逆定理成立.

由定理 3.23 和推论 3.19 及 3.1 节中的模糊滤子等价判别条件, 我们有以下定理.

定理 3.30　令 f 为非常数模糊滤子, 则以下条件等价:

(1) f 是模糊超滤子;

(2) f 是模糊素滤子和模糊布尔滤子;

(3) f 是模糊素滤子和模糊正蕴涵滤子;

(4) f 是模糊固执滤子;

(5) f 是模糊极大滤子和模糊布尔滤子;

(6) f 是模糊极大滤子和模糊正蕴涵滤子;

(7) f 是模糊极大滤子和模糊蕴涵滤子.

定理 3.31　令 f 为非常数模糊滤子, 则以下条件等价:

(1) f 是模糊布尔滤子;

(2) f 是模糊正蕴涵滤子;

(3) f 是模糊蕴涵滤子和模糊正规滤子;

(4) f 是模糊蕴涵滤子和模糊奇异滤子.

注释 3.1　基于以前的工作和以上的结果, 我们得到 BL 代数不同滤子之间的本质关系.

定理 3.32　令 F 为 BL 代数中的滤子, 则以下条件等价:

(1) F 是超滤子;

(2) F 是素滤子和布尔滤子;

(3) F 是素滤子和正蕴涵滤子;

(4) F 是固执滤子;

(5) F 是极大滤子和布尔滤子;

(6) F 是极大滤子和正蕴涵滤子;

(7) F 是极大滤子和蕴涵滤子.

定理 3.33 令 F 为 BL 代数中的滤子, 则以下条件等价:

(1) F 是布尔滤子;

(2) F 是正蕴涵滤子;

(3) F 是蕴涵滤子和正规滤子;

(4) F 是蕴涵滤子和奇异滤子.

由定理 3.32 和定理 3.33, 我们通过建立模糊理论, 较为透彻地研究了 BL 代数的各种滤子之间的关系. 通过 BL 代数模糊正规滤子和模糊奇异滤子的等价条件, 我们能够给出文献 [18] 中公开问题的解答.

定理 3.34 (1) MV 代数的每一个正规滤子等价于奇异滤子;

(2) BL 代数的每一个正规蕴涵滤子都是奇异滤子;

(3) BL 代数的每一个正规固执滤子都是奇异滤子;

(4) BL 代数的每一个正规超滤子都是奇异滤子.

对于提出的第二个公开问题, 由 BL 代数中奇异滤子的拓展性成立及定理 3.32 中几种滤子的等价性, 我们可以得到以下定理.

定理 3.35 (正规滤子的拓展性, extension property for a normal filter) 若以下之一的条件成立, 则正规滤子的拓展性成立:

(1) A 是对合 BL 代数 (MV 代数);

(2) F 是 A 的蕴涵滤子;

(3) F 是 A 的固执滤子;

(4) F 是 A 的超滤子.

第4章

几种典型逻辑代数中的模糊滤子

上两章主要介绍了两种典型逻辑代数中的模糊滤子, 其在针对有关公开问题的解决以及相关研究的便捷性方面可见一斑. 本章在前两章的基础上, 引入另几种典型逻辑代数中的模糊滤子, 以此形成逻辑代数模糊理论的规范研究方法. 相关文献详见 [8, 10, 12, 16, 36, 59, 79, 80, 88–107].

4.1 伪 BL 代数的模糊滤子

Hájek 引入的 BL 代数是基本逻辑系统的代数结构, 而伪 BL 代数是 BL 代数的非可换推广, DiNola 将 BL 代数推广为一种非可换形式, 并且为了表达非可换推理引入伪 BL 代数的概念, 并将其作为 BL 代数的一般推广. 非可换剩余格又是伪 BL 代数、伪 MTL 代数等的推广, 这些使人们的认识由特殊进一步向一般化推广.

4.1.1 伪 BL 代数及滤子

定义 4.1 一个伪 BL 代数是一个 $(2,2,2,2,2,0,0)$ 型代数结构 $(A, \vee, \wedge, \odot, \rightarrow, \hookrightarrow, 0, 1)$, 其中 $(A, \vee, \wedge, 0, 1)$ 为有界格, $(A, \odot, 1)$ 为一拟群, 且对于所有 $x, y, z \in A$, 以下条件成立:

(1) $x \odot y \leqslant z \Leftrightarrow x \leqslant y \rightarrow z \Leftrightarrow y \leqslant x \hookrightarrow z$;

(2) $x \wedge y = (x \rightarrow y) \odot x = x \odot (x \hookrightarrow y)$;

(3) $(x \rightarrow y) \vee (y \rightarrow x) = (x \hookrightarrow y) \vee (y \hookrightarrow x) = 1$.

以下我们约定 A 代表伪 BL 代数, 并且在 A 中, 运算 $\vee, \wedge, \odot$ 优于运算 $\rightarrow, \hookrightarrow$. 在伪 BL 代数 A 中, 对于所有 $x \in A$, 我们定义: $x^- = x \rightarrow 0, x^\sim = x \hookrightarrow 0$.

结合文献 [6, 42–45, 67, 79] 的研究成果, 我们有以下命题.

命题 4.1 对于伪 BL 代数 A, 所有 $x, y, z \in A$, 以下条件成立:

(1) $(x \odot y) \to z = x \to (y \to z)$, $(y \odot x) \hookrightarrow z = x \hookrightarrow (y \hookrightarrow z)$;

(2) $x \odot y \leqslant x \wedge y \leqslant x, y$;

(3) $x \leqslant y \Leftrightarrow x \to y = 1 \Leftrightarrow x \hookrightarrow y = 1$;

(4) $x \to y = x \to x \wedge y$, $x \hookrightarrow y = x \hookrightarrow x \wedge y$;

(5) $x \vee y = ((x \to y) \hookrightarrow y) \wedge ((y \to x) \hookrightarrow x) = ((x \hookrightarrow y) \to y) \wedge (y \hookrightarrow x) \to x$;

(6) $x \leqslant y \to x$, $x \leqslant y \hookrightarrow x$;

(7) $x \leqslant y \Rightarrow z \to x \leqslant z \to y$, $z \hookrightarrow x \leqslant z \hookrightarrow y$;

(8) $((y \to x) \hookrightarrow x) \to x = y \to x$, $((y \hookrightarrow x) \to x) \hookrightarrow x = y \hookrightarrow x$;

(9) $x \odot x^- = x^\sim \odot x = 0$;

(10) $1 \to x = 1 \hookrightarrow x = x$;

(11) $x \leqslant x^{-\sim}$, $x \leqslant x^{\sim-}$;

(12) $z \to x \leqslant (y \to z) \to (y \to x)$, $z \hookrightarrow x \leqslant (y \hookrightarrow z) \hookrightarrow (y \hookrightarrow x)$;

(13) $(x \odot y)^- = x \to y^-$, $(x \odot y)^\sim = y \hookrightarrow x^\sim$;

(14) $x \vee y \to z = (x \to z) \wedge (y \to z)$, $x \vee y \hookrightarrow z = (x \hookrightarrow z) \wedge (y \hookrightarrow z)$;

(15) $(z \to x) \hookrightarrow (y \to x) \geqslant y \to z$, $(z \hookrightarrow x) \to (y \hookrightarrow x) \geqslant y \hookrightarrow z$;

(16) $(y \to x) \hookrightarrow x \geqslant y$, $(y \hookrightarrow x) \to x \geqslant y$;

(17) $x \leqslant y \Rightarrow y \to z \leqslant x \to z$, $y \hookrightarrow z \leqslant x \hookrightarrow z$;

(18) $z \hookrightarrow (y \to x) = y \to (z \hookrightarrow x)$.

定义 4.2 伪 BL 代数 A 的滤子 F 是 A 的一个非空子集, 满足对于所有 $x, y \in A$, 有

(1) 若 $x, y \in F$, 则 $x \odot y \in F$;

(2) 若 $x \in F$, 且 $x \leqslant y$, 则 $y \in F$.

容易证明 A 的滤子有如下等价条件.

命题 4.2 设 F 是伪 BL 代数 A 的非空子集, 则 F 是 A 的滤子当且仅当 (3) 和 (4), 或 (3) 和 (4') 成立:

(3) $1 \in F$;

(4) $x, x \to y \in F$ 意味着 $y \in F$;

(4') $x, x \hookrightarrow y \in F$ 意味着 $y \in F$.

4.1.2　伪 BL 代数的几种常见滤子

与 BL 代数的相关定义类似, 伪 BL 代数 A 的滤子 F 称为真的, 若 $F \neq A$. A 的真滤子 F 是素的, 如果对于所有 $x, y \in A, x \vee y \in F$ 意味着 $x \in F$ 或 $y \in F$. A 的真滤子 F 是最大滤子 (或超滤子), 如果其不包含于任何真滤子之中.

定义 4.3　伪 BL 代数 A 的滤子 F 是正规的, 如果对于所有 $x, y \in A$, $x \to y \in F$ 当且仅当 $x \hookrightarrow y \in F$.

定义 4.4　设 F 是伪 BL 代数 A 的一个滤子. F 称为 A 的布尔滤子, 若其对于所有 $x \in A$, 满足 $x \vee x^- \in F$ 和 $x \vee x^\sim \in F$.

定义 4.5　设 F 是 A 的一个滤子. F 称为 A 的超滤子, 若其对于所有 $x \in A$, 满足 $x \in F$ 或 $x^- \in F$ 且 $x^\sim \in F$.

定义 4.6　设 F 是 A 的一个滤子. F 称为 A 的固执滤子, 若其对于所有 $x \in A$, 满足条件 $x \in F, y \in F$ 意味着 $x \to y \in F$ 和 $x \hookrightarrow y \in F$.

定义 4.7　伪 MV 滤子是指一个滤子 H 满足 $s \to t \in H \Rightarrow ((t \to s) \hookrightarrow s) \to t \in H, s \hookrightarrow t \in H \Rightarrow ((t \hookrightarrow s) \to s) \hookrightarrow t \in H$ 对于 $s, t \in A$.

定义 4.8　伪 G 滤子是指一个滤子 H 满足 $s \to (s \to t) \in H \Rightarrow s \to t \in H, s \hookrightarrow (s \hookrightarrow t) \in H \Rightarrow s \hookrightarrow t \in H$ 对于 $s, t \in A$.

4.1.3　伪 BL 代数的几种常见滤子的性质

定理 4.1　令 F 是伪 BL 代数 A 的一个滤子. F 是正规滤子当且仅当对所有 $x \in A$ 和 $y \in F$,

$$x \odot y \hookrightarrow y \odot x, \quad y \odot x \to x \odot y \in F.$$

证明　假设 F 是正规滤子, 对任意 $x \in A$ 和 $y \in F$,

$$(y \odot x) \odot y = y \odot (x \odot y) \leqslant 1 \odot (x \odot y) = x \odot y,$$

则

$$y \leqslant y \odot x \hookrightarrow x \odot y.$$

因为 $y \in F$ 和 F 是 A 的正规滤子, 故

$$y \odot x \hookrightarrow x \odot y \in F, \quad y \odot x \to x \odot y \in F.$$

对偶地,

$$y \odot (x \odot y) = (y \odot x) \odot y \leqslant (y \odot x) \odot 1 = y \odot x,$$

则

$$y \leqslant x \odot y \to y \odot x.$$

因为 $y \in F$ 和 F 是 A 的正规滤子, 故

$$x \odot y \to y \odot x \in F, \quad x \odot y \hookrightarrow y \odot x \in F.$$

反之, 对任意 $x \in A$ 和 $y \in F$, 若 $y \odot x \to x \odot y \in F$, 则

$$(y \odot x \to x \odot y) \odot y = (y \to (x \to x \odot y)) \odot y \leqslant x \to x \odot y,$$

所以有

$$x \to x \odot y \in F.$$

对任意 $a, b \in A$, 若 $a \hookrightarrow b \in F$, 由上可得

$$a \to a \odot (a \hookrightarrow b) = a \to (a \wedge b) = a \to b \in F.$$

对偶地, 对任意 $x \in A, y \in F$, 若

$$x \odot y \hookrightarrow y \odot x \in F,$$

则

$$y \odot (x \odot y \hookrightarrow y \odot x) = y \odot (y \hookrightarrow (x \hookrightarrow y \odot x)) \leqslant x \hookrightarrow y \odot x \in F.$$

对任意 $a, b \in A$, 若 $a \to b \in F$, 由上可得

$$a \hookrightarrow (a \to b) \odot a = a \hookrightarrow (a \wedge b) = a \hookrightarrow b \in F.$$

所以 F 是正规滤子.

命题 4.3 布尔滤子 H 具有以下性质, 对于 $s, t \in A$,

(1) $(s \to s^-) \hookrightarrow s^-, (s^- \to s) \hookrightarrow s \in H$;

(2) $(s \hookrightarrow s^-) \to s^-, (s^- \hookrightarrow s) \to s \in H$;

(3) $(s \to s^\sim) \hookrightarrow s^\sim, (s^\sim \to s) \hookrightarrow s \in H$;

(4) $(s \hookrightarrow s^\sim) \to s^\sim, (s^\sim \hookrightarrow s) \to s \in H$;

(5) $(s \to t) \hookrightarrow t \in H \Rightarrow (t \hookrightarrow s) \to s \in H$,
$(s \hookrightarrow t) \to t \in H \Rightarrow (t \to s) \hookrightarrow s \in H$;

(6) $(s \to t) \to t \in H \Rightarrow (t \to s) \hookrightarrow s \in H$,
$(s \hookrightarrow t) \hookrightarrow t \in H \Rightarrow (t \hookrightarrow s) \to s \in H$.

命题 4.4　滤子 H 是布尔的当且仅当对于所有 $s, t \in A$, $s \to (t^- \hookrightarrow t) \in H \Rightarrow$ $s \to t \in H$, $s \hookrightarrow (t^\sim \to t) \in H \Rightarrow s \hookrightarrow t \in H \Leftrightarrow (s \to t) \hookrightarrow s \in H \Rightarrow s \in H$, $(s \hookrightarrow t) \to s \in H \Rightarrow s \in H$.

命题 4.5　包含 1 的子集 H 是正规的只有对于 $s, t, h \in A$: $t, s \to (t \hookrightarrow h) \in$ $H \Rightarrow s \hookrightarrow h \in H$, 或 $t, s \hookrightarrow (t \to h) \in H \Rightarrow s \to h \in H$, 或 $t, s \to (t \hookrightarrow h) \in H \Rightarrow$ $s \to h \in H$, 或 $t, s \hookrightarrow (t \to h) \in H \Rightarrow s \hookrightarrow h \in H$, 或 $s \in H \Rightarrow (s \to t) \to t \in H$, $(s \hookrightarrow t) \hookrightarrow t \in H$.

基于定理 4.1, 我们得到了正规滤子的等价条件.

推论 4.1　一个滤子 H 是正规的只有当 $s \hookrightarrow t * s, s \to s * t \in H$ 时对于 $s \in A, t \in H$.

4.1.4　伪 BL 代数的几种滤子之间的关系

定理 4.2　设 F 是 A 的一个非空滤子, 以下条件等价:

(1) F 是 A 的超滤子;

(2) F 是 A 的素滤子和布尔滤子;

(3) F 是 A 的固执滤子.

证明　(1) $\Rightarrow$ (2). 设 $x \in A$, 由 $x, x^- \leqslant x \vee x^-$ 和 F 是超滤子, 我们得到 $x \vee x^-$ 和 $x \vee x^\sim \in F$, 则 F 是 A 的布尔滤子. 对于所有 $x, y \in A$, 因为 $x \vee y = ((x \hookrightarrow y) \to y) \wedge ((y \hookrightarrow x) \to x) \leqslant (x \hookrightarrow y) \to y$, 又 $(x \hookrightarrow y) \to y \leqslant x^\sim \to y$, 所以 $x \vee y \leqslant x^\sim \to y$. 设 $x \vee y \in A$, 如果 $x \bar{\in} F$, 则 $x^-, x^\sim \in F$, 由前知 $x^\sim \to y \in F$ 且 $x^- \to y \in F$, 由滤子的定义可知 $y \in F$. 因此 F 是 A 的素滤子.

(2) $\Rightarrow$ (1). 对于所有 $x \in A$, 由 $x \vee x^-, x \vee x^\sim \in F$ 和 F 是布尔滤子易知 $x \in F$ 或 $x^- \in F$ 且 $x^\sim \in F$. 即 f 是 A 的超滤子.

(1) $\Rightarrow$ (3). 设 $x, y \in A$, $x \bar{\in} F$, $y \bar{\in} F$, 则 $x^-, x^\sim \in F$, 且 $y^-, y^\sim \in F$. 因为 $x^- \leqslant x \to y$, 所以 $x \to y \in F$. 相似地, 我们可得到 $x \hookrightarrow y \in F$, 则 F 是固执滤子.

(3) $\Rightarrow$ (1). 设 $x \in A$, $x \bar{\in} F$, 因为 F 是 A 的非空滤子, 则 $0 \bar{\in} F$, 且 $x \to 0, x \hookrightarrow$ $0 \in F$, 即 $x^-, x^\sim \in F$. 所以 F 是超滤子. ∎

定理 4.3　每一个伪 BL 代数的布尔滤子都是正规滤子.

证明　假设 F 是布尔滤子, 对任意 $x, y \in A$, 则有

$$x \odot y \hookrightarrow (x \odot y \hookrightarrow y \odot x) = (x \odot y) \odot (x \odot y) \hookrightarrow y \odot x = 1 \in F,$$

因此

$$x \odot y \hookrightarrow y \odot x \in F.$$

对偶地, 因为

$$y \odot x \to (y \odot x \to x \odot y) = (y \odot x) \odot (y \odot x) \to x \odot y = 1 \in F.$$

所以

$$y \odot x \to x \odot y \in F.$$

由以上定理, 我们可知 F 是正规滤子.

定理 4.4 B 的滤子 H 是正规的, 则以下条件等价:

(1) H 是布尔的;

(2) H 是伪 MV 和伪 G 滤子.

命题 4.6 $F, G \ (F \subseteq G)$ 是 B 的滤子, 则若 F 是布尔的, G 同样也是.

4.1.5 伪 BL 代数的模糊滤子

在伪 BL 中, 有众多关于滤子的公开问题. 如文献 [16] 曾提出一个公开问题 "证明或否定在伪 BL 中, 每一个布尔滤子是正规的". 在这一部分, 我们同样在通过尝试应用模糊化思想讨论这两种滤子之间的关系后, 解决了这个公开问题.

在本章中, 我们用 A 代表一个伪 BL 代数.

定义 4.9 设 f 是 A 中的一个模糊子集, f 称为模糊滤子, 对于所有 $t \in [0,1]$, f_t 为空或是 A 的一个滤子.

易知 F 是 A 的一个滤子当且仅当 χ_F 是 A 的一个模糊滤子, 其中 χ_F 是 F 的特征函数.

以下我们给出模糊子集成为模糊滤子的等价条件.

命题 4.7 设 f 是 A 的一个模糊子集, 以下条件等价:

(1) f 是 A 的模糊滤子;

(2) $f(1) \geqslant f(x), f(y) \geqslant f(x) \wedge f(x \to y)$ 对于所有 $x, y \in A$;

(3) $f(1) \geqslant f(x), f(y) \geqslant f(x) \wedge f(x \hookrightarrow y)$ 对于所有 $x, y \in A$.

证明 (1) $\Rightarrow$ (2). 对于任意 $x \in A$, 令 $t_0 = f(x)$, 则 $x \in f_{t_0}$. 因为 f_{t_0} 是 A 的一个滤子, 则 $1 \in f_{t_0}$, 即 $f(1) \geqslant t_0 = f(x)$.

对于任意 $x, y \in A$, 令 $t_1 = f(x) \wedge f(x \to y)$, 则 $x, x \to y \in f_{t_1}$. 因为 f_{t_1} 是一个滤子, 我们有 $y \in f_{t_1}$, 即 $f(y) \geqslant t_1 = f(x) \wedge f(x \to y)$. 因此 (2) 成立.

(1) $\Rightarrow$ (3). 类似于 (1) $\Rightarrow$ (2).

(2) $\Rightarrow$ (1). 对于任意 $t \in [0,1]$, 如果 $f_t \neq \varnothing$, 则存在一个 $x_0 \in f_t$, 满足 $f(x_0) \geqslant t$. 由 (2) 有 $f(1) \geqslant f(x_0)$, 因此 $1 \in f_t$.

如果 $x, x \to y \in f_t$, 则 $f(x) \geqslant t, f(x \to y) \geqslant t$, 结合 (2), 有 $f(y) \geqslant t$, 即 $y \in f_t$, f_t 是一个滤子, 因此 f 是一个模糊滤子.

(3) $\Rightarrow$ (1). 类似于 (2) $\Rightarrow$ (1). ∎

命题 4.8 设 f 是 A 的一个模糊子集. f 是 A 的模糊滤子当且仅当对于所有 $x, y, z \in A, x \to (y \to z) = 1$ 或 $x \hookrightarrow (y \hookrightarrow z) = 1$ 意味着 $f(z) \geqslant f(x) \wedge f(y)$.

证明 设 f 是一个模糊滤子, 则

$$f(z) \geqslant f(y) \wedge f(y \to z), \quad f(y \to z) \geqslant f(x) \wedge f(x \to (y \to z)).$$

若 $x \to (y \to z) = 1$, 有

$$f(y \to z) \geqslant f(1) \wedge f(x) = f(x).$$

因此

$$f(z) \geqslant f(y) \wedge f(y \to z) \geqslant f(y) \wedge f(x).$$

反之, 因为 $x \to (x \to 1) = 1$, 则

$$f(1) \geqslant f(x) \wedge f(x) = f(x).$$

由 $(x \to y) \to (x \to y) = 1$, 有

$$f(y) \geqslant f(x) \wedge f(x \to y).$$

所以 f 是一个模糊滤子. ∎

推论 4.2 设 f 是 A 的一个模糊子集. f 是 A 的模糊滤子当且仅当对于所有 $x, y, z \in A, x \odot y \leqslant z$ 或 $y \odot x \leqslant z$ 意味着 $f(z) \geqslant f(x) \wedge f(y)$.

命题 4.9 设 f 是 A 的一个模糊子集. f 是 A 的模糊滤子当且仅当

(1) f 是保序的;

(2) $f(x \odot y) \geqslant f(x) \wedge f(y)$ 对于所有 $x, y \in A$.

证明 令 f 是 A 的一个模糊滤子. 若 $x \leqslant y$, 则

$$x \odot x \leqslant x \leqslant y,$$

即有

$$f(y) \geqslant f(x) \wedge f(x) = f(x).$$

因为 $x \odot y \leqslant x \odot y$, 则

$$f(x \odot y) \geqslant f(x) \wedge f(y).$$

相反, 对于所有 $x, y, z \in A$, 若 $x \odot y \leqslant z$ 或 $y \odot x \leqslant z$, 由 (1) 和 (2), 我们有

$$f(z) \geqslant f(x) \wedge f(y),$$

即 f 是一个模糊滤子. ■

我们容易得到以下推论.

推论 4.3 设 f 是 A 的一个保序的模糊子集. f 是一个模糊滤子当且仅当对于所有 $x, y \in A$,

$$f(x \odot y) = f(x) \wedge f(y).$$

推论 4.4 设 f 是 A 的一个模糊滤子, 则对于所有 $x \in A$,

$$f(x) = f(x \odot x) = f(x \odot x \odot \cdots \odot x).$$

推论 4.5 设 f 是 A 的一个模糊滤子, 则对于所有 $x, y \in A$,

$$f(x \odot y) = f(y \odot x).$$

命题 4.10 设 f 是 A 的一个模糊滤子, 则对于所有 $x, y \in A$,

$$f(x \wedge y) = f(x) \wedge f(y).$$

证明 $x \odot y \leqslant x \wedge y$, 则

$$f(x \wedge y) \geqslant f(x \odot y) \geqslant f(x) \wedge f(y).$$

因为 f 是保序的, 所以 $f(x \wedge y) \leqslant f(x) \wedge f(y)$, 则有 $f(x \wedge y) = f(x) \wedge f(y)$. ■

引理 4.1 设 f 是 A 的一个模糊滤子. 对于所有 $x, y \in A$, 若 $f(x \rightarrow y) = f(1)$ 或 $f(x \hookrightarrow y) = f(1)$, 则 $f(x) \leqslant f(y)$.

证明 设 $f(x) = t$, 则 $x \in f_t$. 如果 $f(x \rightarrow y) = f(1)$, 即 $x \rightarrow y \in f_{f(1)}$, 则 $x \rightarrow y \in f_t$. f_t 是一个滤子, 所以有 $y \in f_t$. 因而 $f(y) \geqslant t = f(x)$.

对偶地, 如果 $f(x \hookrightarrow y) = f(1)$, 则 $f(x) \leqslant f(y)$. ■

命题 4.11 设 f_i $(i = 1, 2)$ 是 A 的模糊滤子, 则 $f_1 \wedge f_2$ 是 A 的模糊滤子.

证明 若 $x \rightarrow (y \rightarrow z) = 1$ 对于 $x, y, z \in A$, 则

$$(f_1 \wedge f_2)(z) = f_1(z) \wedge f_2(z) \geqslant f_1(x) \wedge f_1(y) \wedge f_2(x) \wedge f_2(y)$$

$$= (f_1(x) \wedge f_2(x)) \wedge (f_1(y) \wedge f_2(y))$$

$$= (f_1 \wedge f_2)(x) \wedge (f_1 \wedge f_2)(y).$$

因此 $f_1 \wedge f_2$ 是 A 的模糊滤子. ■

推论 4.6　设 f_i $(i \in \tau)$ 是 A 的模糊滤子, 则 $\bigwedge\limits_{i \in \tau} f_i$ 是 A 的模糊滤子.

4.1.6　模糊素滤子

素滤子在滤子及各种代数中扮演着重要的角色, 以下我们引入模糊素滤子, 并讨论它的等价条件和相关性质.

定义 4.10　设 f 是 A 的非常数模糊滤子. f 称为 A 的一个模糊素滤子, 如果对于 $\forall t \in [0,1]$, $f_t = \varnothing$ 或 f_t 是 A 的一个素滤子.

命题 4.12　设 f 是 A 的非常数模糊滤子. f 是模糊素滤子当且仅当对于所有 $x, y \in A$,

$$f(x \vee y) \leqslant f(x) \vee f(y).$$

证明　设 f 是 A 的模糊素滤子. 对于所有 $x, y \in A$, 设 $t = f(x \vee y)$, 则 f_t 是 A 的滤子, 且 $x \vee y \in f_t$. 若 $f_t = A$, 则 $x, y \in f_t$, 因此 $f(x \vee y) \leqslant f(x) \vee f(y)$. 若 $f_t \neq A$, 因为 f_t 是素滤子, 则 $x \vee y \in f_t$ 意味着 $x \in f_t$ 或 $y \in f_t$, 即 $f(x) \geqslant t$ 或 $f(y) \geqslant t$. 所以 $f(x \vee y) \leqslant f(x) \vee f(y)$.

相反地, 对于任意 $t \in [0,1]$, 若 $f_t \neq \varnothing$, 则 f_t 是一个滤子. 若 $f_t \neq A$, $x \vee y \in f_t$, 则 $f(x \vee y) \geqslant t$, 因此 $f(x) \vee f(y) \geqslant t$, 即 $x \in f_t$ 或 $y \in f_t$. 所以 f 是一个模糊素滤子. ■

因为每一个模糊滤子 f 是保序的, 所以我们有以下推论.

推论 4.7　设 f 是 A 的一个非常数模糊滤子. f 是模糊素滤子当且仅当对于所有 $x, y \in A$,

$$f(x \vee y) = f(x) \vee f(y).$$

定理 4.5　设 f 是 A 的一个非常数模糊滤子. f 是模糊素滤子当且仅当 $f_{f(1)}$ 是 A 的素滤子.

证明　因为 f 是一个非常数模糊滤子, 有 $f(0) < f(1)$, 所以 $0 \bar{\in} f_{f(1)}$, 因此 $f_{f(1)}$ 是 A 的一个素滤子.

相反地, 因为对于所有 $x, y \in A$, $(x \to y) \vee (y \to x) = 1 \in f_{f(1)}$, 则

$$x \to y \in f_{f(1)} \text{或} y \to x \in f_{f(1)}.$$

这说明

$$(x \vee y) \to y = x \to y \in f_{f(1)} \text{或} (x \vee y) \to x = y \to x \in f_{f(1)}.$$

因此

$$f((x \vee y) \to y) = f(1) \text{或} f((x \vee y) \to x) = f(1).$$

我们得到

$$f(y) \geqslant f((x \vee y) \to y) \wedge f(x \vee y) = f(x \vee y),$$

或

$$f(x) \geqslant f((x \vee y) \to x) \wedge f(x \vee y) = f(x \vee y).$$

因此 $f(x) \vee f(y) \geqslant f(x \vee y)$, 即 f 是模糊素滤子. ■

推论 4.8 一个非空子集 F 是 A 的素滤子当且仅当 χ_F 是 A 的模糊素滤子.

定理 4.6 设 f 是 A 的一个非常数模糊滤子, 则以下条件等价:

(1) f 是 A 的一个模糊素滤子;

(2) $f(x \to y) = f(1)$ 或 $f(y \to x) = f(1)$ 对于所有 $x, y \in A$;

(3) $f(x \hookrightarrow y) = f(1)$ 或 $f(y \hookrightarrow x) = f(1)$ 对于所有 $x, y \in A$.

证明 f 是模糊素滤子当且仅当 $f_{f(1)}$ 是素滤子当且仅当 $x \to y \in f_{f(1)}$ 或 $y \to x \in f_{f(1)}$ 当且仅当 $x \hookrightarrow y \in f_{f(1)}$ 或 $y \hookrightarrow x \in f_{f(1)}$ 当且仅当 $f(x \to y) = f(1)$ 或 $f(y \to x) = f(1)$ 当且仅当 $f(x \hookrightarrow y) = f(1)$ 或 $f(y \hookrightarrow x) = f(1)$. ■

命题 4.13 设 f 是 A 的模糊素滤子, 且 $\alpha \in [0, f(1))$, 则 $f \vee \alpha$ 也是 A 的模糊素滤子, 其中 $(f \vee \alpha)(x) = f(x) \vee \alpha$ 对于所有 $x \in A$.

证明 对于所有 $x, y, z \in A$, 若 $x \odot y \leqslant z$, 则 $f(z) \geqslant f(x) \wedge f(y)$, 且 $(f \vee \alpha)(z) \geqslant (f(x) \wedge f(y)) \vee \alpha = (f \vee \alpha)(x) \wedge (f \vee \alpha)(y)$, 因此 $f \vee \alpha$ 是 A 的模糊滤子.

因为 $\alpha < f(1)$, 所以 $(f \vee \alpha)(1) = f(1) \vee \alpha = f(1) \neq (f \vee \alpha)(0)$, 因此 $f \vee \alpha$ 是一个非常数模糊滤子. 即得 $(f \vee \alpha)(x \vee y) = f(x \vee y) \vee \alpha = f(x) \vee f(y) \vee \alpha = (f \vee \alpha)(x) \vee (f \vee \alpha)(y)$, 因而 $f \vee \alpha$ 也是模糊素滤子. ■

受分配格中 Stone 模糊素理想定理启发, 我们现在在伪 BL 代数中建立模糊素滤子定理.

定理 4.7 (模糊素滤子定理) 设 f 是一个非常数模糊滤子 A 且 $f(1) \neq 1$. 则存在一个 A 的模糊素滤子 g 满足 $f \leqslant g$.

证明 如果 f 是非常数模糊滤子, 则有 $f_{f(1)}$ 是 A 的真滤子, 所以存在一个素滤子 F 满足 $f_{f(1)} \subseteq F$, 则 χ_F 是一个模糊素滤子.

设 $g = \chi_F \vee \alpha$, $\alpha = \bigvee\limits_{x \in A - F} f(x)$, 则 g 是一个模糊素滤子, 且 $f \leqslant g$. ■

4.1.7 模糊布尔滤子

为了解决在引言中提到的公开问题, 我们引入伪 BL 代数的模糊布尔滤子和模糊正规滤子, 并讨论了它们相应的性质.

定义 4.11　设 f 是 A 的一个模糊滤子, 则 f 称为一个模糊布尔滤子, 如果 $f(x \vee x^-) = f(1)$, $f(x \vee x^\sim) = f(1)$ 对于所有 $x \in A$.

定理 4.8　设 f 是 A 的一个模糊滤子. f 是一个模糊布尔滤子当且仅当对 $\forall t \in [0,1]$, f_t 为空或为 A 的布尔滤子.

证明　设 f 是 A 的模糊布尔滤子. 若 $f_t \neq \varnothing$, 则 f_t 是 A 的滤子, 且 $1 \in f_t$. 即

$$f(x \vee x^-) = f(x \vee x^\sim) = f(1) \geqslant t,$$

则

$$x \vee x^-, \quad x \vee x^\sim \in f_t,$$

f_t 是 A 的布尔滤子.

相反地, $1 \in f_{f(1)}$, $f_{f(1)}$ 是 A 的布尔滤子, 则对于所有 $x \in A, x \vee x^-, x \vee x^\sim \in f_{f(1)}$, 则

$$f(x \vee x^-) = f(x \vee x^\sim) = f(1),$$

f 是 A 的布尔滤子. ■

定理 4.9　设 f 是 A 的一个滤子. f 是模糊布尔滤子当且仅当 $f_{f(1)}$ 是布尔滤子.

证明　必要性显然. 假设 $f_{f(1)}$ 是布尔滤子, 对于所有 $t \in [0,1]$, 如果 $f_t \neq \varnothing$, 则 $f_{f(1)} \subseteq f_t$, 所以对于所有 $x \in A$, $x \vee x^-, x \vee x^\sim \in f_t$, 因此 f_t 是 A 的布尔滤子. ■

推论 4.9　设 F 是 A 的非空子集. F 是 A 的布尔滤子当且仅当 χ_F 是 A 的模糊布尔滤子.

定理 4.10　设 f 是 A 的一个滤子, 则以下条件等价:

(1) f 是 A 的模糊布尔滤子;

(2) $f(x \to y) = f(x \to (y^- \hookrightarrow y))$, $f(x \hookrightarrow y) = f(x \hookrightarrow (y^\sim \to y))$ 对于所有 $x, y \in A$;

(3) $f(x) = f((x \to y) \hookrightarrow x)$, $f(x) = f((x \hookrightarrow y) \to x)$ 对于所有 $x, y \in A$.

证明　$(1) \Rightarrow (2)$. 设 $f(x \to (y^- \hookrightarrow y)) = t$, 则 f_t 是布尔滤子, 且

$$x \to (y^- \hookrightarrow y) \in f_t.$$

因为

$$y^- \vee y = ((y^- \hookrightarrow y) \to y) \wedge ((y \hookrightarrow y^-) \to y^-) \leqslant (y^- \hookrightarrow y) \to y,$$

所以

$$(y^- \hookrightarrow y) \to y \in f_t.$$

因为

$$(y^- \hookrightarrow y) \to y \leqslant (x \to (y^- \hookrightarrow y)) \to (x \to y),$$

所以

$$x \to y \in f_t, \quad f(x \to y) \geqslant t = f(x \to (y^- \hookrightarrow y)).$$

因为

$$x \to y \leqslant x \to (y^- \hookrightarrow y),$$

所以

$$f(x \to y) \leqslant f(x \to (y^- \hookrightarrow y)),$$

因此, 有

$$f(x \to y) = f(x \to (y^- \hookrightarrow y)).$$

对偶地, 我们有

$$f(x \hookrightarrow y) = f(x \hookrightarrow (y^\sim \to y)).$$

$(2) \Rightarrow (3)$. 设 $f((x \to y) \hookrightarrow x) = t$, 则 f_t 是一个滤子, 且 $(x \to y) \hookrightarrow x \in f_t$. 若 $(x \to y) \hookrightarrow x \leqslant x^- \hookrightarrow x$, 则 $x^- \hookrightarrow x \in f_t$.

$$1 \to (x^- \hookrightarrow x) = x^- \hookrightarrow x \in f_t,$$

由 (2), 我们有

$$f(x) = f(1 \to x) = f(1 \to (x^- \hookrightarrow x)) \geqslant t = f((x \to y) \hookrightarrow x),$$

且

$$f(x) \leqslant f((x \to y) \hookrightarrow x),$$

则 $f(x) = f((x \to y) \hookrightarrow x)$. 我们可得到

$$f(x) = f((x \hookrightarrow y) \to x).$$

$(3) \Rightarrow (1)$. 因为

$$(((x^\sim \to x) \hookrightarrow x) \hookrightarrow 0) \to ((x^\sim \to x) \hookrightarrow x)$$

$$=(x^\sim \to x) \hookrightarrow ((((x^\sim \to x) \hookrightarrow x) \hookrightarrow 0) \to x)$$

$$\geqslant (((x^\sim \to x) \hookrightarrow x) \hookrightarrow 0) \to x^\sim$$

$$=(((x^\sim \to x) \hookrightarrow x) \hookrightarrow 0) \to (x \hookrightarrow 0)$$

$$\geqslant x \hookrightarrow ((x^\sim \to x) \hookrightarrow x)$$

$$=(x^\sim \to x) \odot x \hookrightarrow x = 1,$$

由 (3), 我们有

$$f(((((x^\sim \to x) \hookrightarrow x) \hookrightarrow 0) \to ((x^\sim \to x) \hookrightarrow x)) = f(1) = f((x^\sim \to x) \hookrightarrow x),$$

所以

$$(x^\sim \to x) \hookrightarrow x \in f_{f(1)}.$$

进一步, 对于所有 $x \in A$,

$$(x^\sim \to x) \hookrightarrow x \leqslant (x^\sim \to x) \hookrightarrow (x \vee x^\sim), \quad (x \vee x^\sim) \to x \leqslant x^\sim \to x,$$

且

$$(x^\sim \to x) \hookrightarrow (x \vee x^\sim) \leqslant ((x \vee x^\sim) \to x) \hookrightarrow (x \vee x^\sim).$$

由

$$(x^\sim \to x) \hookrightarrow x \in f_{f(1)},$$

得

$$((x \vee x^\sim) \to x) \hookrightarrow (x \vee x^\sim) \in f_{f(1)},$$

即

$$f(((x \vee x^\sim) \to x) \hookrightarrow (x \vee x^\sim)) = f(1).$$

由 (3), 有

$$f(x \vee x^\sim) = f(1).$$

同理也能得到 $f(x \vee x^-) = f(1)$. 因此 f 是模糊布尔滤子.   ■

定理 4.11   设 f 是 A 的模糊布尔滤子, 则对于所有 $x, y \in A$, 以下条件成立:

(1) $f((x \to x^-) \hookrightarrow x^-) = f((x^- \to x) \hookrightarrow x) = f(1)$;

(2) $f((x \hookrightarrow x^-) \to x^-) = f((x^- \hookrightarrow x) \to x) = f(1)$;

(3) $f((x \to x^\sim) \hookrightarrow x^\sim) = f((x^\sim \to x) \hookrightarrow x) = f(1)$;

(4) $f((x \hookrightarrow x^\sim) \to x^\sim) = f((x^\sim \hookrightarrow x) \to x) = f(1)$;

(5) $f((x \to y) \to x) = f(x), f((x \hookrightarrow y) \hookrightarrow x) = f(x)$;

(6) $f(((y \to x) \hookrightarrow x) \to y) = f(x \to y)$,

$f(((y \hookrightarrow x) \to x) \hookrightarrow y) = f(x \hookrightarrow y)$;

(7) $f((y \hookrightarrow x) \to x) = f((x \to y) \hookrightarrow y)$;

(8) $f((y \hookrightarrow x) \to x) \geqslant f((x \to y) \to y)$,

$f((y \hookrightarrow x) \to x) \geqslant f((x \hookrightarrow y) \hookrightarrow y)$;

(9) $f(x \to y) = f(x \odot x \to y) = f((x \odot x \odot \cdots \odot x) \to y)$,

$f(x \hookrightarrow y) = f(x \odot x \hookrightarrow y) = f((x \odot x \odot \cdots \odot x) \hookrightarrow y)$;

(10) $f(x \to x^-) = f(x \hookrightarrow x^-) = f(x^-)$

$f(x \to x^\sim) = f(x \hookrightarrow x^\sim) = f(x^\sim)$;

(11) $f(x^{-\sim}) = f(x^{\sim -}) = f(x^{--}) = f(x^{\sim\sim}) = f(x)$;

(12) $f(x^- \to x) = f(x^\sim \hookrightarrow x) = f(x^- \hookrightarrow x) = f(x^\sim \to x) = f(x)$.

证明 (1)~(4) 易证.

(5) 令 $f((x \to y) \to x) = t$. 则 $(x \to y) \to x \in f_t$. 又因为 $(x \to y) \to x \leqslant x^- \to x$, 所以 $x^- \to x \in f_t$. 由 (1), $(x^- \to x) \hookrightarrow x \in f_t$, 我们有 $x \in f_t$, 因此 $f(x) \geqslant t = f((x \to y) \to x)$. 相反地, 不等式易证, 所以有 $f(x) = f((x \to y) \to x)$.

类似地, 我们可证 $f((x \hookrightarrow y) \hookrightarrow x) = f(x)$.

(6) 令 $f(x \to y) = t$, 则 $x \to y \in f_t$. 由

$$y \to x \leqslant ((y \to x) \hookrightarrow x) \to x,$$

我们有

$$(y \to x) \to (((y \to x) \hookrightarrow x) \to y)$$
$$\geqslant (((y \to x) \hookrightarrow x) \to x) \to (((y \to x) \hookrightarrow x) \to y)$$
$$\geqslant x \to y \in f_t.$$

即

$$(y \to x) \to (((y \to x) \hookrightarrow x) \to y) \in f_t.$$

又有

$$y \leqslant ((y \to x) \hookrightarrow x) \to y, \quad y \to x \geqslant (((y \to x) \hookrightarrow x) \to y) \to x.$$

又有

$$((((y \to x) \hookrightarrow x) \to y) \to x) \to (((y \to x) \hookrightarrow x) \to y)$$

$$\geqslant (y \to x) \to (((y \to x) \hookrightarrow x) \to y) \in f_t.$$

即

$$((((y \to x) \hookrightarrow x) \to y) \to x) \to (((y \to x) \hookrightarrow x) \to y) \in f_t.$$

应用 (5), 有

$$((y \to x) \hookrightarrow x) \to y \in f_t.$$

即

$$f(((y \to x) \hookrightarrow x) \to y) \geqslant t.$$

相反的不等式易证.

对偶地, 得到

$$f(x \hookrightarrow y) = f(((y \hookrightarrow x) \to x) \hookrightarrow y).$$

(7) 设 $f((x \to y) \hookrightarrow y) = t$, 则

$$(x \to y) \hookrightarrow y \in f_t,$$
$$(x \to y) \hookrightarrow y \leqslant (y \hookrightarrow x) \to ((x \to y) \hookrightarrow x)$$
$$= (x \to y) \hookrightarrow ((y \hookrightarrow x) \to x).$$

又有

$$x \to y \geqslant ((y \hookrightarrow x) \to x) \to y,$$
$$(x \to y) \hookrightarrow ((y \hookrightarrow x) \to x) \leqslant (((y \hookrightarrow x) \to x) \to y) \hookrightarrow ((y \hookrightarrow x) \to x).$$

由以上结果我们有

$$(x \to y) \hookrightarrow y \leqslant (((y \hookrightarrow x) \to x) \to y) \hookrightarrow ((y \hookrightarrow x) \to x).$$

因此

$$(((y \hookrightarrow x) \to x) \to y) \hookrightarrow ((y \hookrightarrow x) \to x) \in f_t.$$

则有

$$(y \hookrightarrow x) \to x \in f_t,$$

即

$$f((y \hookrightarrow x) \to x) \geqslant f((x \to y) \hookrightarrow y).$$

类似地, 可证

$$f((y \hookrightarrow x) \to x) \leqslant f((x \to y) \hookrightarrow y).$$

(8) 设 $f((x \to y) \to y) = t$, 即

$$(x \to y) \to y \in f_t.$$

则

$$(x \to y) \to y \leqslant (y \to x) \hookrightarrow ((x \to y) \to x) = (x \to y) \to ((y \to x) \hookrightarrow x).$$

又有

$$x \to y \geqslant ((y \to x) \hookrightarrow x) \to y,$$
$$(x \to y) \to ((y \to x) \hookrightarrow x) \leqslant (((y \to x) \hookrightarrow x) \to y) \to ((y \to x) \hookrightarrow x).$$

结合以上结果, 我们有

$$(x \to y) \to y \leqslant (((y \to x) \hookrightarrow x) \to y) \to ((y \to x) \hookrightarrow x).$$

因此

$$(((y \to x) \hookrightarrow x) \to y) \to ((y \to x) \hookrightarrow x) \in f_t.$$

应用 (5), 得到

$$(y \to x) \hookrightarrow x \in f_t.$$

相似地, 得到

$$f((x \hookrightarrow y) \hookrightarrow y) \leqslant f((y \hookrightarrow x) \to x).$$

(9) 令 $f(x \hookrightarrow (x \hookrightarrow y)) = t$, 则

$$x \hookrightarrow (x \hookrightarrow y) \in f_t.$$

又有

$$x \hookrightarrow (x \hookrightarrow y) \leqslant ((x \hookrightarrow y) \hookrightarrow y) \to (x \hookrightarrow y).$$

则

$$((x \hookrightarrow y) \hookrightarrow y) \to (x \hookrightarrow y) \in f_t.$$

应用 (5), 我们有

$$f(x \hookrightarrow y) \geqslant t = f(x \hookrightarrow (x \hookrightarrow y)).$$

反向不等式显然成立, 则有

$$f(x \to y) = f(x \to (x \to y)) = f(x \odot x \to y).$$

类似地, 可证

$f(x \hookrightarrow y) = f(x \hookrightarrow (x \hookrightarrow y)) = f(x \odot x \hookrightarrow y)$. 通过归纳, 我们得到结果.

(10) 由 (1) $\sim$ (4) 和引理 4.1, 我们得到结果.

(11) 由 (6), (10) 及引理 4.1 结果得到.

(12) 由 (5) 和定理 4.10 可得到结果.　　　　　　　　　　　　　　　■

4.1.8　模糊正规滤子

定义 4.12　设 f 是 A 的一个滤子. f 称为 A 的一个模糊正规滤子, 如果对于任意 $t \in [0,1]$, f_t 为空或为 A 的正规滤子.

定理 4.12　设 f 是 A 的一个模糊子集, 以下条件等价:

(1) f 是 A 的一个模糊正规滤子;

(2) f 是 A 的模糊滤子且满足 $f(x \to y) = f(x \hookrightarrow y)$ 对于所有 $x, y \in A$;

(3) $f(1) \geqslant f(x)$, $f(x \hookrightarrow z) \geqslant f(y) \wedge f(x \to (y \hookrightarrow z))$ 和 $f(x \to z) \geqslant f(y) \wedge f(x \hookrightarrow (y \to z))$ 对于所有 $x, y, z \in A$;

(4) $f(1) \geqslant f(x)$, $f(x \to z) \geqslant f(y) \wedge f(x \to (y \to z))$, $f(x \hookrightarrow z) \geqslant f(y) \wedge f(x \hookrightarrow (y \hookrightarrow z))$ 对于所有 $x, y, z \in A$.

证明　(1) $\Rightarrow$ (2). 对于所有 $x, y \in A$, 设 $f(x \to y) = t_1$, 即 $x \to y \in f_{t_1}$, 则 $x \hookrightarrow y \in f_{t_1}$, $f(x \hookrightarrow y) \geqslant t_1 = f(x \to y)$. 对偶地, 可以得到 $f(x \to y) \geqslant f(x \hookrightarrow y)$.

(2) $\Rightarrow$ (3). 显然成立.

(2) $\Rightarrow$ (4). 显然成立.

(3) $\Rightarrow$ (1). 设 $x = 1$, 我们可知 f 是一个模糊滤子. 对于所有 $t \in [0,1]$, 如果 $f_t \neq \varnothing$, $x \to y \in f_t$, 则 $f(x \to y) \geqslant t$. $x \to ((x \to y) \hookrightarrow y) = 1 \in f_t$, 则 $f(x \to ((x \to y) \hookrightarrow y)) = f(1) \geqslant t$, $f(x \hookrightarrow y) \geqslant f(x \to y) \wedge f(x \to ((x \to y) \hookrightarrow y)) \geqslant t$, 所以 $x \hookrightarrow y \in f_t$. 相应地, 我们能够证明如果 $x \hookrightarrow y \in f_t$, 则 $x \to y \in f_t$. 因此 f_t 是一个正规滤子, 即 f 是模糊正规滤子.

(4) $\Rightarrow$ (1). 类似于 (3) $\Rightarrow$ (1).　　　　　　　　　　　　　■

定理 4.13　设 f 是 A 的一个滤子. f 是 A 的模糊正规滤子当且仅当 $f_{f(1)}$ 是 A 的正规滤子.

证明　必要性明显. 假设 $f_{f(1)}$ 是 A 的正规滤子, 则对于所有 $x, y \in A$,

$$x \to y \in f_{f(1)} \Leftrightarrow x \hookrightarrow y \in f_{f(1)},$$

即

$$f(x \to y) = f(x \hookrightarrow y),$$

所以 f 是一个模糊正规滤子.

推论 4.10 设 F 是 A 的一个非空子集. F 是正规滤子当且仅当 χ_F 是 A 的模糊正规滤子.

定理 4.14 设 f 是 A 的一个模糊滤子. f 是模糊正规滤子当且仅当对于所有 $x, y \in A$,

$$f((x \odot y) \hookrightarrow (y \odot x)) \wedge f((y \odot x) \to (x \odot y)) \geqslant f(y).$$

证明 假设 f 是一个模糊正规滤子. 对于所有 $y \in A$, 设 $t = f(y)$, 则 $y \in f_t$, 且 f_t 是 A 的正规滤子. 对于所有 $x \in A$,

$$(y \odot x) \odot y = y \odot (x \odot y) \leqslant x \odot y,$$

因此

$$y \leqslant (y \odot x) \hookrightarrow (x \odot y),$$

则

$$(y \odot x) \hookrightarrow (x \odot y) \in f_t, \quad (y \odot x) \to (x \odot y) \in f_t,$$

所以

$$f((y \odot x) \to (x \odot y)) \geqslant t = f(y).$$

对偶地, 有

$$f((x \odot y) \hookrightarrow (y \odot x)) \geqslant t = f(y).$$

由以上, 则有

$$f((x \odot y) \hookrightarrow (y \odot x)) \wedge f((y \odot x) \to (x \odot y)) \geqslant f(y), \quad 对于所有 x, y \in A.$$

相反地, 对于所有 $t \in [0, 1]$, 如果 $f_t \neq \varnothing$, 则 f_t 是一个滤子, 且存在 $y \in f_t$. $f((y \odot x) \to (x \odot y)) \geqslant f(y) \geqslant t$, 则

$$(y \odot x) \to (x \odot y) \in f_t.$$

$$((y \odot x) \to (x \odot y)) \odot y = (y \to (x \to (x \odot y))) \odot y \leqslant x \to (x \odot y),$$

则有

$$x \to (x \odot y) \in f_t, \quad 对于所有 x \in A, y \in f_t.$$

对于所有 $a, b \in A$, 如果 $a \hookrightarrow b \in f_t$, 由以上, 得到

$$a \to a \odot (a \hookrightarrow b) = a \to b \in f_t.$$

对偶地, 有

$$x \hookrightarrow (y \odot x) \in f_t, \quad \text{对于所有} \, x \in A, y \in f_t.$$

对于所有 $a, b \in A$, 如果 $a \rightarrow b \in f_t$, 由以上, 得到

$$a \hookrightarrow (a \rightarrow b) \odot a = a \hookrightarrow b \in f_t.$$

因此 f_t 是一个正规滤子, f 是模糊正规滤子. ■

以下给出模糊超滤子和模糊固执滤子的定义及性质.

定义 4.13　A 的一个模糊滤子 f 称为一个模糊超滤子, 如果对于所有 $x \in A$ 满足以下任意一个条件:

(1) $f(x) = f(1)$;

(2) $f(x^-) \wedge f(x^\sim) = f(1)$.

定理 4.15　设 f 是 A 的一个模糊滤子. f 是模糊超滤子当且仅当对于 $\forall t \in [0, 1]$, f_t 为空或为超滤子.

证明　假设 f 是一个模糊超滤子. 对于所有 $x \in A$ 和 $t \in [0, 1]$, 假设 $f_t \neq \varnothing$ 且 $x \bar{\in} f_t$, 所以 $f(x) < t$. 则

$$f(x^-) = f(x^\sim) = f(1) \geqslant t,$$

即

$$x^-, x^\sim \in f_t.$$

所以 f_t 是一个超滤子.

相反地, 因为 $1 \in f_{f(1)}$, 则 $f_{f(1)} \neq \varnothing$, 且 $f_{f(1)}$ 是一个超滤子. 如果 $x \bar{\in} f_{f(1)}$, 则

$$x^-, x^\sim \in f_{f(1)},$$

即

$$f(x^-) = f(x^\sim) = f(1).$$

所以 f 是模糊超滤子. ■

定理 4.16　设 f 是 A 的一个模糊子集. f 是模糊超滤子当且仅当 $f_{f(1)}$ 是超滤子.

证明　必要性显然. 假设 $f_{f(1)}$ 是超滤子, 如果 $x \bar{\in} f_{f(1)}$, 则

$$x^-, x^\sim \in f_{f(1)},$$

即

$$f(x^-) = f(x^\sim) = f(1).$$

因此 f 是模糊超滤子.

推论 4.11 A 的一个非空子集 F 是 A 的超滤子当且仅当 χ_F 是 A 的模糊超滤子.

定义 4.14 A 的一个模糊滤子称为 A 的一个模糊固执滤子, 若其满足以下条件:

$$f(x) \neq f(1), \quad f(y) \neq f(1),$$

意味着

$$f(x \to y) = f(1), \quad f(x \hookrightarrow y) = f(1),$$

对于所有 $x, y \in A$.

定理 4.17 设 f 是 A 的一个模糊滤子. f 是模糊固执滤子当且仅当对于 $\forall t \in [0, 1]$, f_t 为空或为固执滤子.

证明 假设 f 是一个模糊固执滤子. 对任意 $t \in (f(1), 1]$, $f_t = \varnothing$. 对所有 $x, y \in H$, 如果 $f(x) \neq f(1), f(y) \neq f(1), t \in [0, f(1)]$, 假设 $f_t \neq \varnothing$, $x \bar{\in} f_t$, $y \bar{\in} f_t$, 则

$$f(1) \neq f(x) < t \text{ 且 } f(1) \neq f(y) < t.$$

因为 f 是一个模糊固执滤子, 则

$$f(x \to y) = f(1) \geqslant t, \quad f(y \to x) = f(1) \geqslant t,$$

即

$$x \to y \in f_t, \quad y \to x \in f_t.$$

因此 f_t 是一个固执滤子.

反之, $1 \in f_{f(1)} \neq \varnothing$. 因为 $f_{f(1)}$ 是一个固执滤子, 若

$$x \bar{\in} f_{f(1)}, \quad y \bar{\in} f_{f(1)},$$

则

$$x \to y \in f_{f(1)}, \quad y \to x \in f_{f(1)},$$

即若

$$f(x) \neq f(1), \quad f(y) \neq f(1),$$

则
$$f(x \to y) = f(1), \quad f(y \to x) = f(1).$$

因此 f 是一个模糊固执滤子.

定理 4.18   设 f 是 A 的一个模糊滤子. f 是一个模糊固执滤子当且仅当 $f_{f(1)}$ 是 A 的一个固执滤子.

证明   必要性显然. 假设 $f_{f(1)}$ 是一个固执滤子, 如果
$$x \bar{\in} f_{f(1)}, \quad y \bar{\in} f_{f(1)},$$

则
$$x \to y \in f_{f(1)}, \quad y \to x \in f_{f(1)},$$

即如果
$$f(x) \neq f(1), \quad f(y) \neq f(1),$$

则
$$f(x \to y) = f(1), \quad f(y \to x) = f(1).$$

因此 f 是一个模糊固执滤子.

推论 4.12 A 的一个非空子集 F 是 A 的模糊固执滤子当且仅当 χ_F 是 A 的固执滤子.

以下, 我们给出这些模糊滤子之间的关系.

定理 4.19   设 f 和 g 是 A 的两个模糊滤子且满足 $f \leqslant g, f(1) = g(1)$. 如果 f 是 A 的一个模糊素 (布尔、超、固执) 滤子, 则 g 也是.

证明   假设 f 是模糊素滤子, 则
$$f(x \to y) = f(1) \text{或} f(y \to x) = f(1), \quad \text{对所有} x, y \in A.$$

如果 $f(x \to y) = f(1)$, 由
$$f \leqslant g \text{和} f(1) = g(1),$$

有 $g(x \to y) = g(1)$.

类似地, 如果 $f(y \to x) = f(1)$, 则 $g(y \to x) = g(1)$. 因此, g 是一个模糊素滤子. 同理, 我们得到其余结果.

4.1.9   伪 BL 中模糊布尔滤子和模糊正规滤子的公开问题

文献 [16] 曾提出一个公开问题 "证明或否定在伪 BL 中, 每一个布尔滤子是正规的." 在这一部分, 我们通过给出这两个模糊滤子的关系, 解决这个公开问题.

定理 4.20 设 f 是 A 的一个模糊正规滤子, 则 f 是 A 的模糊布尔滤子当且仅当 f 满足以下条件:

(1) $f(((y \to x) \hookrightarrow x) \to y) = f(x \to y)$;

(2) $f(((y \hookrightarrow x) \to x) \hookrightarrow y) = f(x \hookrightarrow y)$;

(3) $f(x \to y) = f(x \to (x \to y))$;

(4) $f(x \hookrightarrow y) = f(x \hookrightarrow (x \hookrightarrow y))$.

证明 必要性显然. 设 f 是伪 BL 代数 A 的满足以上条件的一个模糊正规滤子. 设 $x, y \in A$, 且 $f((x \hookrightarrow y) \to x) = t$, 则

$$(x \hookrightarrow y) \to x \in f_t,$$

且

$$(x \hookrightarrow y) \hookrightarrow x \in f_t.$$

因为

$$(x \hookrightarrow y) \hookrightarrow x \leqslant (x \hookrightarrow y) \to ((x \hookrightarrow y) \hookrightarrow y),$$

故有

$$(x \hookrightarrow y) \to ((x \hookrightarrow y) \hookrightarrow y) \in f_t.$$

应用以上条件, 得到

$$(x \hookrightarrow y) \hookrightarrow y \in f_t 和 (x \hookrightarrow y) \to y \in f_t.$$

因为 $y \leqslant x \hookrightarrow y$, 则

$$(x \hookrightarrow y) \hookrightarrow x \in f_t,$$

所以 $y \hookrightarrow x \in f_t$. 应用以上条件, 得到

$$((x \hookrightarrow y) \to y) \hookrightarrow x \in f_t.$$

所以

$$x \in f_t, \quad f(x) \geqslant f((x \hookrightarrow y) \to x).$$

另外,

$$f(x) \leqslant f((x \hookrightarrow y) \to x).$$

则有

$$f(x) = f((x \hookrightarrow y) \to x).$$

类似地, 我们能够证明 $f(x) = f((x \to y) \hookrightarrow x)$. 由定理 4.10 可得, f 是模糊布尔滤子. ∎

定理 4.21　设 f 是 A 的非常数模糊布尔滤子, 则 f 是 A 的模糊正规滤子.

证明　设 f 是一个模糊布尔滤子, 且 $t \in [0,1]$. 如果 $f_t \neq \varnothing$, 则 f_t 是一个布尔滤子, 且 $t \in [0, f(1)]$. 对于所有 $x, y \in A$,

$$f((x \odot y) \hookrightarrow (y \odot x)) = f((x \odot y) \odot (x \odot y) \hookrightarrow (y \odot x))$$
$$= f(x \odot (y \odot x) \odot y \hookrightarrow (y \odot x)) = f(1).$$

对偶地,

$$f((y \odot x) \to (x \odot y)) = f((y \odot x) \odot (y \odot x) \to (x \odot y))$$
$$= f(y \odot (x \odot y) \odot x \to (x \odot y)) = f(1).$$

所以

$$f((x \odot y) \hookrightarrow (y \odot x)) \wedge f((y \odot x) \to (x \odot y)) = f(1) \geqslant f(y).$$

由定理 4.14, 我们得到 f 是一个模糊正规滤子. ∎

如果 F 是 A 的布尔滤子, 则 F 是一个布尔滤子当且仅当 χ_F 是模糊布尔滤子. 于是, 我们得到 χ_F 是一个模糊正规滤子. 我们以下面的定理解决了公开问题.

定理 4.22　在伪 BL 代数中, 每一个布尔滤子是正规滤子.

定理 4.23　设 f 是 A 的一个非常数模糊滤子, 以下条件等价:

(1) f 是 A 的模糊超滤子;

(2) f 是 A 的模糊素和模糊布尔滤子;

(3) f 是 A 的模糊固执滤子.

证明　(1) $\Rightarrow$ (2). 设 $x \in A$. 由 $f(x), f(x^-) \leqslant f(x \vee x^-)$ 和 $f(x) \vee f(x^-) = f(1)$, 得到

$$f(1) = f(x \vee x^-).$$

对偶地, 我们有 $f(1) = f(x \vee x^\sim)$, 则 f 是 A 的模糊布尔滤子. 因为

$$f(x \vee y) = f(((x \hookrightarrow y) \to y) \wedge ((y \hookrightarrow x) \to x))$$
$$\leqslant f((x \hookrightarrow y) \to y),$$

$$(x \hookrightarrow y) \to y \leqslant x^\sim \to y,$$

则
$$f((x \hookrightarrow y) \to y) \leqslant f(x^\sim \to y).$$

因此
$$f(x \vee y) \leqslant f(x^\sim \to y).$$

对于所有 $x, y \in A$, 如果 $f(x) = f(1)$, 则
$$f(x \vee y) \leqslant f(1) = f(x) \leqslant f(x) \vee f(y).$$

如果 $f(x) \neq f(1)$, 则
$$f(x^-) = f(x^\sim) = f(1),$$
$$f(y) \geqslant f(x^\sim) \wedge f(x^\sim \to y) = f(1) \wedge f(x^\sim \to y) = f(x^\sim \to y),$$

因此
$$f(x \vee y) \leqslant f(y) \leqslant f(x) \vee f(y).$$

所以 f 是 A 的模糊素滤子.

(2) $\Rightarrow$ (1). 对于所有 $x \in A$,
$$f(x \vee x^-) = f(x \vee x^\sim) = f(1) = f(x) \vee f(x^-) = f(x) \vee f(x^\sim).$$

如果 $f(x) \neq f(1)$, 则
$$f(x^-) = f(x^\sim) = f(1).$$

因此 f 是 A 的模糊超滤子.

(1) $\Rightarrow$ (3). 设 $x, y \in A, f(x) \neq f(1), f(y) \neq f(1)$. 则
$$f(x^-) = f(x^\sim) = f(1),$$

且
$$f(y^-) = f(y^\sim) = f(1).$$

因为 $x^- \leqslant x \to y$, 则
$$f(x \to y) \geqslant f(x^-) = f(1),$$

所以
$$f(x \to y) = f(1).$$

相似地, 我们可得到 $f(x \hookrightarrow y) = f(1)$. 则 f 是模糊固执滤子.

(3) $\Rightarrow$ (1). 设 $x \in A$, $f(x) \neq f(1)$. 因为 f 是 A 的非常数模糊滤子, 故

$$f(0) \neq f(1) \text{ 且} f(x \to 0) = f(x \hookrightarrow 0) = f(1),$$

即

$$f(x^-) = f(x^\sim) = f(1).$$

所以 f 是模糊超滤子.   ■

引理 4.2   如果存在 A 的一个严格保序的模糊布尔滤子, 则对于所有 $x \in A$,
以下性质成立:

(1) $x^- \hookrightarrow x = x^\sim \hookrightarrow x = x$;

(2) $x \hookrightarrow x^- = x^-, x \hookrightarrow x^\sim = x \to x^\sim = x^\sim$.

证明   显然, 我们略去证明.   ■

以下我们通过模糊滤子, 给出伪 BL 代数成为布尔代数的等价条件.

定理 4.24   设 f 是 A 的一个模糊滤子, 以下条件等价:

(1) 存在一个 A 的严格保序的模糊布尔滤子;

(2) A 是布尔代数;

(3) A 的每一个模糊滤子是严格保序的布尔滤子.

证明   (1) $\Rightarrow$ (2). 对于所有 $x \in A$, 有

$$x \vee x^- = ((x \hookrightarrow x^-) \to x^-) \wedge ((x^- \hookrightarrow x) \to x) = 1,$$
$$x \vee x^\sim = ((x \hookrightarrow x^\sim) \to x^\sim) \wedge ((x^\sim \hookrightarrow x) \to x) = 1.$$

又得到

$$x \wedge x^- = x \odot (x \hookrightarrow x^-) = x \odot x^- = 0,$$
$$x \wedge x^\sim = (x \to x^\sim) \odot x = x^\sim \odot x = 0,$$

因此 $x^- = x^\sim$. 所以 A 是一个布尔代数.

(2) $\Rightarrow$ (3). 设 $x, y \in A$ 且 $x < y$. 如果 $f(x) = f(y)$, 则

$$1 = x \vee x^- \leqslant y \vee x^-,$$

所以

$$y \vee x^- = 1.$$

同理, 我们有 $y \vee x^\sim = 1$. 则得到

$$y^- = x^- = x^\sim,$$

所以 $x = y$, 矛盾. 很明显 $f(x \vee x^-) = f(1)$, $f(x \vee x^\sim) = f(1)$ 对于所有 $x \in A$. 则 (3) 成立.

(3) $\Rightarrow$ (1). 明显成立. ∎

4.2 BCK 代数与伪 BCK 代数的模糊滤子

BCK 代数和 BCI 代数是 20 世纪 60 年代日本数学家 K. Iséki 提出的两类抽象代数, 来源于演算 (calculus) 和组合逻辑中的组合子 (combinators), 是组合逻辑中 BCK 系统和 BCI 系统的代数表述, 是两类著名的逻辑代数[44]. BCK/BCI 代数理论已有了一定的发展, 尤其是对 BCI 代数类的三个真子类——BCK 代数、结合 BCI 代数和广义结合 BCI 代数——的研究, 得到了一批结果. Iorgulescu 在文献 [94] 中建立了 BCK 代数和 BL 代数之间的联系. 后来, Georgescu 和 Iorgulescu 引入了伪 BCK 代数的概念作为 BCK 代数的推广[45]. 伪 BCK 代数是非可换模糊逻辑 (蕴涵片段) 的基本代数框架, 伪 BCI 代数是伪 BCK 代数的推广. 相关文献参见 [6, 40-45, 67, 79].

4.2.1 BCK 代数与伪 BCK 代数

定义 4.15 BCK 代数 $(A, \to, 1)$ 是一个 $(2,0)$ 型代数结构, 满足对于所有 $x, y, z \in A$, 以下条件成立:

(1) $((z \to x) \to (y \to x)) \geqslant (y \to z)$;

(2) $(y \to x) \to x \geqslant y$;

(3) $x \geqslant x$;

(4) $x \geqslant y$ 和 $y \geqslant x$ 蕴涵 $x = y$;

(5) $x \to 1 = 1$.

其中 $x \leqslant y$ 蕴涵 $x \to y = 1$.

定义 4.16 伪 BCK 代数 $(A, \geqslant, \to, \rightsquigarrow, 1)$ 是一个 $(2,2,2,0)$ 型代数结构, 其中 $\geqslant$ 是 A 上的二元关系, $\to$ 和 $\rightsquigarrow$ 是 A 上的二元运算, 1 是 A 的元素, 满足对于所有 $x, y, z \in A$, 以下条件成立:

(1) $(z \to x) \rightsquigarrow (y \to x) \geqslant y \to z$, $(z \rightsquigarrow x) \to (y \rightsquigarrow x) \geqslant y \rightsquigarrow z$;

(2) $(y \to x) \rightsquigarrow x \geqslant y$, $(y \rightsquigarrow x) \to x \geqslant y$;

(3) $x \geqslant x$;

(4) $1 \geqslant x$;

(5) $x \geqslant y$ 和 $y \geqslant x$ 蕴涵 $x = y$;

(6) $x \geqslant y \Leftrightarrow y \rightarrow x = 1 \Leftrightarrow y \rightsquigarrow x = 1$.

定义 4.17　伪 BCK 代数 $(A, \geqslant, \rightarrow, \rightsquigarrow, 1)$ 称为有界的, 如果存在唯一的元素 0, 满足 $0 \rightarrow x = 1$ 或 $0 \rightsquigarrow x = 1$ 对于所有 $x \in A$.

同样, 在有界伪 BCK 代数 A 中, 对于所有 $x \in A$, 我们可以定义 x^- 和 $x^\sim$.

命题 4.14　令 $(A, \geqslant, \rightarrow, \rightsquigarrow, 1)$ 为一伪 BCK 代数, 则对于所有 $x, y, z \in A$, 以下条件成立:

(1) $x \leqslant y \Rightarrow y \rightarrow z \leqslant x \rightarrow z, y \rightsquigarrow z \leqslant x \rightsquigarrow z$;

(2) $x \leqslant y \Rightarrow z \rightarrow x \leqslant z \rightarrow y, z \rightsquigarrow x \leqslant z \rightsquigarrow y$;

(3) $z \rightarrow x \leqslant (y \rightarrow z) \rightarrow (y \rightarrow x), z \rightsquigarrow x \leqslant (y \rightsquigarrow z) \rightsquigarrow (y \rightsquigarrow x)$;

(4) $z \rightsquigarrow (y \rightarrow x) = y \rightarrow (z \rightsquigarrow x)$.

定义 4.18　伪 BCK(pP) 代数是一伪 BCK 代数 $(A, \geqslant, \rightarrow, \rightsquigarrow, 1)$, 如果满足以下 (pP) 条件:

(pP) 对于所有 $x, y \in A$, 存在 $x \odot y = \min\{z | x \leqslant y \rightarrow z\} = \min\{z | y \leqslant x \rightsquigarrow z\}$.

定理 4.25　令 $(A, \geqslant, \rightarrow, \rightsquigarrow, 1)$ 为一伪 BCK(pP) 代数, $x \odot y$ 定义为 $\min\{z | x \leqslant y \rightarrow z\}$ 或 $\min\{z | y \leqslant x \rightsquigarrow z\}$, 那么在 A 中以下条件成立:

(1) $(x \odot y) \rightarrow z = x \rightarrow (y \rightarrow z)$;

(2) $(y \odot x) \rightsquigarrow z = x \rightsquigarrow (y \rightsquigarrow z)$;

(3) $(x \rightarrow y) \odot x \leqslant x, y, x \odot (x \rightsquigarrow y) \leqslant x, y$;

(4) $x \odot y \leqslant x \wedge y \leqslant x, y$.

我们同时还有以下结论.

命题 4.15　任何伪 BL 代数是伪 BCK(pP) 代数.

引理 4.3　伪 BCK(pP) 代数等价于偏序剩余整拟群.

定义 4.19　BCK 代数 $(A, \rightarrow, 1)$ 称为蕴涵 BCK 代数, 如果它满足

$$(x \rightarrow y) \rightarrow x = x, \quad 对于所有 x, y \in A.$$

定义 4.20　伪 BCK 代数 $(A, \geqslant, \rightarrow, \rightsquigarrow, 1)$ 称为 1-型蕴涵伪 BCK 代数, 如果它满足

$$(x \rightarrow y) \rightarrow x = (x \rightsquigarrow y) \rightsquigarrow x = x, \quad 对于所有 x, y \in A.$$

定理 4.26　令 $(A, \geqslant, \rightarrow, \rightsquigarrow, 1)$ 为伪 BCK 代数, 则 A 是 1-型蕴涵伪 BCK 代数当且仅当 A 是蕴涵 BCK 代数.

定义 4.21　伪 BCK 代数 $(A, \geqslant, \rightarrow, \rightsquigarrow, 1)$ 称为 2-型蕴涵伪 BCK 代数, 如果它

满足

$$(x \rightsquigarrow y) \rightarrow x = (x \rightarrow y) \rightsquigarrow x = x, \quad 对于所有 x, y \in A.$$

定理 4.27   令 $(A, \geqslant, \rightarrow, \rightsquigarrow, 1)$ 为伪 BCK 代数, 则 A 是 2- 型蕴涵伪 BCK 代数当且仅当 A 是蕴涵 BCK 代数.

伪 BCK 代数同样有关于布尔滤子和蕴涵滤子的公开问题. 研究 BL 代数的方法启发我们, 将上述有关工作推广到比 BL 代数更一般的伪 BCK 代数, 继而得到了伪 BCK 代数的一些很好的性质. 在这一章, 我们采用模糊化和非模糊化两种方法, 研究伪 BCK 代数 A 的滤子及性质和关系.

4.2.2   伪 BCK 代数的伪滤子和模糊伪滤子

定义 4.22   伪 BCK 代数 A 的非空子集 F 称为 A 的伪滤子, 如果其满足

(1) $x \in F, y \in A, x \leqslant y \Rightarrow y \in F$;

(2) $x \in F, x \rightarrow y \in F$ 或 $x \rightsquigarrow y \in F \Rightarrow y \in F$.

同样容易得到伪 BCK 代数伪滤子的等价条件.

定理 4.28   伪 BCK 代数 A 的非空子集 F 为 A 的伪滤子当且仅当

(1) $1 \in F$;

(2) $x \in F, x \rightarrow y \in F$ 或 $x \rightsquigarrow y \in F \Rightarrow y \in F$.

定理 4.29   伪 BCK(pP) 代数 A 的非空子集 F 称为 A 的伪滤子当且仅当

(1) $x \in F, y \in F \Rightarrow x \odot y \in F$;

(2) $x \in F, y \in A, x \leqslant y \Rightarrow y \in F$.

定义 4.23   伪 BCK 代数 A 的伪滤子 F 称为正规的如果其满足

$$x \rightarrow y \in F \Leftrightarrow x \rightsquigarrow y \in F.$$

易知 BCK 代数的每一个滤子都是正规的.

定义 4.24   令 $(A, \geqslant, \rightarrow, \rightsquigarrow, 1)$ 为一 BCK 代数. 伪滤子 F 称为蕴涵伪滤子, 如果满足

(1) 对于所有 $x, y \in A$, 如果 $(x \rightarrow y) \rightarrow x \in F$, 那么 $x \in F$;

(2) 对于所有 $x, y \in A$, 如果 $(x \rightsquigarrow y) \rightsquigarrow x \in F$, 那么 $x \in F$.

定义 4.25   令 $(A, \geqslant, \rightarrow, \rightsquigarrow, 1)$ 为一伪 BCK 代数. 伪滤子 F 称为布尔滤子, 如果满足

(1) 对于所有 $x, y \in A$, 如果 $(x \rightarrow y) \rightsquigarrow x \in F$, 那么 $x \in F$;

(2) 对于所有 $x, y \in A$, 如果 $(x \rightsquigarrow y) \rightarrow x \in F$, 那么 $x \in F$.

定理 4.30　令 $(A, \geqslant, \rightharpoonup, \rightsquigarrow, 1)$ 为一伪 BCK 代数, 如果 F 为其正规滤子, 那么 F 是蕴涵的当且仅当 F 是布尔的.

定理 4.31　令 $(A, \geqslant, \rightharpoonup, \rightsquigarrow, 1)$ 为一伪 BCK 代数, 如果 F 为其蕴涵伪滤子, 那么

(1) $\forall x \in A, ((x \rightharpoonup 0) \rightharpoonup x) \rightsquigarrow x \in F$, 即 $(x^- \rightharpoonup x) \rightsquigarrow x \in F$;

(2) $\forall x \in A, ((x \rightsquigarrow 0) \rightsquigarrow x) \rightharpoonup x \in F$, 即 $(x^\sim \rightsquigarrow x) \rightharpoonup x \in F$;

(3) $\forall x, y \in A, ((x \rightharpoonup y) \rightharpoonup x) \rightsquigarrow x \in F$;

(4) $\forall x, y \in A, ((x \rightsquigarrow y) \rightsquigarrow x) \rightharpoonup x \in F$;

(5) $\forall x, y \in A$, 如果 $(x \rightharpoonup y) \rightharpoonup y \in F$, 那么 $(y \rightharpoonup x) \rightsquigarrow x \in F$;

(6) $\forall x, y \in A$, 如果 $(x \rightsquigarrow y) \rightsquigarrow y \in F$, 那么 $(y \rightsquigarrow x) \rightharpoonup x \in F$;

(7) $\forall x, y \in A$, 如果 $x \rightsquigarrow y \in F$, 那么 $((y \rightsquigarrow x) \rightharpoonup x) \rightsquigarrow y \in F$;

(8) $\forall x, y \in A$, 如果 $x \rightharpoonup y \in F$, 那么 $((y \rightharpoonup x) \rightsquigarrow x) \rightharpoonup y \in F$.

定义 4.26　伪 BCK 代数 A 的非空子集 F 称为正蕴涵伪滤子如果其满足定义 4.22 中的 (1) 及对于所有 $x, y \in A$, 有

(1) $x \rightsquigarrow (y \rightharpoonup z) \in F, x \rightsquigarrow y \in F$ 蕴涵 $x \rightsquigarrow z \in F$;

(2) $x \rightharpoonup (y \rightsquigarrow z) \in F, x \rightharpoonup y \in F$ 蕴涵 $x \rightharpoonup z \in F$.

定理 4.32　伪 BCK 代数 A 的正蕴涵伪滤子 F 满足 $x \rightharpoonup (x \rightsquigarrow y) \in F \Rightarrow x \rightharpoonup y \in F, x \rightsquigarrow y \in F$ 对于所有 $x, y \in A$.

定义 4.27　设 f 是 A 中的一个模糊子集. f 称为模糊伪滤子, 对于所有 $t \in [0, 1]$, f_t 为空或是 A 的一个滤子.

易知 F 是 A 的一个伪滤子当且仅当 χ_F 是 A 的一个模糊伪滤子, 其中 χ_F 是 F 的特征函数.

对于伪 BCK 代数或伪 BCK(pP) 代数, 受相关工作的启发, 以下伪滤子中的结果与伪 BL 代数中相应结果相似.

命题 4.16　设 f 是 A 的一个模糊子集, 以下条件等价:

(1) f 是 A 的模糊伪滤子;

(2) $f(1) \geqslant f(x), f(y) \geqslant f(x) \wedge f(x \rightharpoonup y)$, 对于所有 $x, y \in A$;

(3) $f(1) \geqslant f(x), f(y) \geqslant f(x) \wedge f(x \rightsquigarrow y)$, 对于所有 $x, y \in A$.

命题 4.17　设 f 是 A 的一个模糊子集. f 是 A 的模糊伪滤子当且仅当对于所有 $x, y, z \in A, x \rightharpoonup (y \rightharpoonup z) = 1$ 或 $x \rightsquigarrow (y \rightsquigarrow z) = 1$ 蕴涵着 $f(z) \geqslant f(x) \wedge f(y)$.

推论 4.13　设 f 是伪 BCK(pP) 代数 A 的一个模糊子集. f 是 A 的模糊伪滤子当且仅当对于所有 $x, y, z \in A, x \odot y \leqslant z$ 或 $y \odot x \leqslant z$ 蕴涵着 $f(z) \geqslant f(x) \wedge f(y)$.

命题 4.18　设 f 是伪 BCK(pP) 代数 A 的一个模糊子集. f 是 A 的模糊伪滤子当且仅当

(1) f 是保序的;

(2) $f(x \odot y) \geqslant f(x) \wedge f(y)$, 对于所有 $x, y \in A$.

推论 4.14　设 f 是伪 BCK(pP) 代数 A 的一个保序的模糊子集. f 是一个模糊伪滤子当且仅当对于所有 $x, y \in A$,

$$f(x \odot y) = f(x) \wedge f(y).$$

推论 4.15　设 f 是伪 BCK(pP) 代数 A 的一个模糊滤子, 则对于所有 $x \in A$,

$$f(x) = f(x \odot x) = f(x \odot x \odot \cdots \odot x).$$

推论 4.16　设 f 是伪 BCK(pP) 代数 A 的一个模糊滤子, 则对于所有 $x, y \in A$,

$$f(x \odot y) = f(y \odot x).$$

引理 4.4　设 f 是 A 的一个模糊滤子. 对于所有 $x, y \in A$, 若 $f(x \rightharpoonup y) = f(1)$ 或 $f(x \rightsquigarrow y) = f(1)$, 则

$$f(x) \leqslant f(y).$$

命题 4.19　设 f_i $(i = 1, 2)$ 是 A 的模糊滤子, 则 $f_1 \wedge f_2$ 是 A 的模糊滤子.

推论 4.17　设 f_i $(i \in \tau)$ 是 A 的模糊滤子, 则 $\bigwedge\limits_{i \in \tau} f_i$ 是 A 的模糊滤子.

为了解决公开问题, 我们将伪 BCK 代数的伪滤子模糊化.

定义 4.28　令 $(A, \geqslant, \rightharpoonup, \rightsquigarrow, 1)$ 为伪 BCK 代数. A 的模糊伪滤子称为模糊蕴涵伪滤子若其满足

(1) 对于所有 $x, y \in A$, $f((x \rightharpoonup y) \rightharpoonup x) = f(x)$;

(2) 对于所有 $x, y \in A$, $f((x \rightsquigarrow y) \rightsquigarrow x) = f(x)$.

定理 4.33　令 $(A, \leqslant, \rightharpoonup, \rightsquigarrow, 0, 1)$ 为一有界伪 BCK 代数, 如果 f 为一模糊蕴涵伪滤子, 那么

(1) $\forall x \in A$, $f((x^- \rightharpoonup x) \rightsquigarrow x) = f(1)$;

(2) $\forall x \in A$, $f((x^\sim \rightsquigarrow x) \rightharpoonup x) = f(1)$;

(3) $\forall x, y \in A$, $f((x^- \rightsquigarrow x) \rightharpoonup x) = f(1)$;

(4) $\forall x, y \in A$, $f((x^\sim \rightharpoonup x) \rightsquigarrow x) = f(1)$.

证明　(1) 由 $x \leqslant (x^- \rightarrow x) \rightsquigarrow x$, 有 $((x^- \rightarrow x) \rightsquigarrow x)^- \leqslant x^-$ 及 $((x^- \rightarrow x) \rightsquigarrow x)^- \rightarrow x^- = 1$, 可得 $f(((x^- \rightarrow x) \rightsquigarrow x)^- \rightarrow x^-) = f(1)$. 又因为 $x^- \leqslant (x^- \rightarrow x) \rightsquigarrow x$, 我们得到 $((x^- \rightarrow x) \rightsquigarrow x)^- \rightarrow x^- \leqslant ((x^- \rightarrow x) \rightsquigarrow x)^- \rightarrow ((x^- \rightarrow x) \rightsquigarrow x)$. 因此 $f(((x^- \rightarrow x) \rightsquigarrow x)^- \rightarrow ((x^- \rightarrow x) \rightsquigarrow x)) = f((x^- \rightarrow x) \rightsquigarrow x) = f(1)$.

(2) 类似于 (1).

(3) 由 $x \leqslant (x^- \rightsquigarrow x) \rightarrow x$, 有 $((x^- \rightsquigarrow x) \rightarrow x)^- \leqslant x^-$ 及 $((x^- \rightsquigarrow x) \rightarrow x)^- \rightarrow x^- = 1$, 可得 $f(((x^- \rightsquigarrow x) \rightarrow x)^- \rightarrow x^-) = f(1)$. 又因为 $x^- \leqslant (x^- \rightsquigarrow x) \rightarrow x$, 我们得到 $((x^- \rightsquigarrow x) \rightarrow x)^- \rightarrow x^- \leqslant ((x^- \rightsquigarrow x) \rightarrow x)^- \rightarrow ((x^- \rightsquigarrow x) \rightarrow x)$. 因此 $f(((x^- \rightsquigarrow x) \rightarrow x)^- \rightarrow ((x^- \rightsquigarrow x) \rightarrow x)) = f((x^- \rightsquigarrow x) \rightarrow x) = f(1)$.

(4) 类似于 (3).　　　　　　　　　　　　　　　　　　　　　　■

定理 4.34　令 f 是 A 的模糊伪滤子, 则 f 是模糊蕴涵伪滤子当且仅当对于每一 $t \in [0,1]$, f_t 为空或为蕴涵伪滤子.

证明　令 f 为 A 的模糊蕴涵伪滤子. 对于任意 $t \in [0,1]$, 若 $f_t \neq \varnothing$, 则假设 $(x \rightarrow y) \rightarrow x \in f_t$, 由 $f((x \rightarrow y) \rightarrow x) = f(x)$, 我们得到 $x \in f_t$. 对偶地, $x \in f_t$ 若 $(x \rightsquigarrow y) \rightsquigarrow x \in f_t$. 则 f_t 是 A 的蕴涵伪滤子.

反之, 令 $f((x \rightarrow y) \rightarrow x) = t$, 则有 $(x \rightarrow y) \rightarrow x \in f_t$, 由 f_t 是 A 的蕴涵伪滤子, 得 $x \in f_t$, 即有 $f((x \rightarrow y) \rightarrow x) = t \leqslant f(x)$. 因为 $x \leqslant (x \rightarrow y) \rightarrow x$ 及 f 保序, 故得 $f((x \rightarrow y) \rightarrow x) \geqslant f(x)$, 因此, $f((x \rightarrow y) \rightarrow x) = f(x)$. 对偶地, $f((x \rightsquigarrow y) \rightsquigarrow x) = f(x)$, 即证 f 是模糊蕴涵的.　　　■

定理 4.35　令 f 是 A 的模糊伪滤子, 则 f 是模糊蕴涵伪滤子当且仅当 $f_{f(1)}$ 是蕴涵伪滤子.

证明　必要性显然, 下证充分性. 假设 $f_{f(1)}$ 是蕴涵伪滤子, 对于所有 $x, y \in A$, 若 $(x \rightarrow y) \rightarrow x \in f_{f(1)}$, 则 $x \in f_{f(1)}$, 故 $f((x \rightarrow y) \rightarrow x) = f(x) = f(1)$. 对偶地 $f((x \rightsquigarrow y) \rightsquigarrow x) = f(x) = f(1)$. 因此 f 是模糊蕴涵的.　　　■

推论 4.18　令 f 是 A 的模糊伪滤子, 则 f 是模糊蕴涵伪滤子当且仅当 χ_F 为空或为蕴涵伪滤子.

定义 4.29　令 $(A, \leqslant, \rightarrow, \rightsquigarrow, 0, 1)$ 为一伪 BCK 代数, 伪滤子 F 称为模糊布尔滤子若其满足以下条件:

(1) 对于所有 $x, y \in A$, $f((x \rightarrow y) \rightsquigarrow x) = f(x)$;

(2) 对于所有 $x, y \in A$, $f((x \rightsquigarrow y) \rightarrow x) = f(x)$.

类似于模糊蕴涵伪滤子, 有以下结果, 我们略去了证明.

定理 4.36　令 f 是 A 的模糊伪滤子, 则 f 是模糊布尔滤子当且仅当对于每

一 $t \in [0,1]$, f_t 为空或为布尔滤子.

定理 4.37 令 f 是 A 的模糊伪滤子, 则 f 是模糊布尔滤子当且仅当 $f_{f(1)}$ 为空或为布尔滤子.

推论 4.19 令 F 是 A 的非空子集, 则 F 是模糊布尔滤子当且仅当 χ_F 为空或为模糊布尔滤子.

定理 4.38 令 f 为有界伪 BCK 代数 A 的模糊伪滤子, 则 f 是模糊布尔滤子当且仅当 $f(x \rightharpoonup y) = f(x \rightharpoonup (y^- \rightsquigarrow y))$, $f(x \rightsquigarrow y) = f(x \rightsquigarrow (y^\sim \rightharpoonup y))$ 对于所有 $x, y \in A$.

证明 若 f 是模糊布尔的. 令 $f(x \rightharpoonup (y^- \rightsquigarrow y)) = t$, 则 f_t 是布尔滤子,

$$x \rightharpoonup (y^- \rightsquigarrow y) \in f_t.$$

又因为

$$(y^- \rightsquigarrow y) \rightharpoonup y \in f_t, \quad (y^- \rightsquigarrow y) \rightharpoonup y \leqslant (x \rightharpoonup (y^- \rightsquigarrow y)) \rightharpoonup (x \rightharpoonup y),$$

故

$$x \rightharpoonup y \in f_t, \quad 即 f(x \rightharpoonup y) \geqslant t = f(x \rightharpoonup (y^- \rightsquigarrow y)).$$

因为

$$x \rightharpoonup y \leqslant x \rightharpoonup (y^- \rightsquigarrow y),$$

故得

$$f(x \rightharpoonup y) \leqslant f(x \rightharpoonup (y^- \rightsquigarrow y)),$$

因此,

$$f(x \rightharpoonup y) = f(x \rightharpoonup (y^- \rightsquigarrow y)).$$

对偶地,

$$f(x \rightsquigarrow y) = f(x \rightsquigarrow (y^\sim \rightharpoonup y)).$$

反之, 令 $f((x \rightharpoonup y) \rightsquigarrow x) = t$, 则 f_t 是伪滤子, 又

$$(x \rightharpoonup y) \rightsquigarrow x \in f_t, \quad (x \rightharpoonup y) \rightsquigarrow x \leqslant x^- \rightsquigarrow x,$$

则

$$x^- \rightsquigarrow x \in f_t.$$

由 $1 \rightharpoonup (x^- \rightsquigarrow x) = x^- \rightsquigarrow x \in f_t$, 有

$$f(x) = f(1 \rightharpoonup x) = f(1 \rightharpoonup (x^- \rightsquigarrow x)) \geqslant t = f((x \rightharpoonup y) \rightsquigarrow x),$$

又有

$$f(x) \leqslant f((x \rightharpoonup y) \rightsquigarrow x),$$

则

$$f(x) = f((x \rightharpoonup y) \rightsquigarrow x).$$

同理可知

$$f(x) = f((x \rightsquigarrow y) \rightharpoonup x).$$

那么 f 是 A 的模糊布尔滤子. ∎

定理 4.39 令 f 为有界伪 BCK 代数 A 的模糊伪滤子, 则 f 是模糊布尔滤子当且仅当对于所有 $x \in A$,

$$f((x^\sim \rightharpoonup x) \rightsquigarrow x) = f((x^- \rightsquigarrow x) \rightharpoonup x) = f(1).$$

证明 由 $x \leqslant (x^\sim \rightharpoonup x) \rightsquigarrow x$, 有

$$((x^\sim \rightharpoonup x) \rightsquigarrow x)^\sim \leqslant x^\sim, \quad ((x^\sim \rightharpoonup x) \rightsquigarrow x)^\sim \rightharpoonup x^\sim = 1,$$

则

$$f(((x^\sim \rightharpoonup x) \rightsquigarrow x)^\sim \rightharpoonup x^\sim) = f(1).$$

又 $x^\sim \leqslant (x^\sim \rightharpoonup x) \rightsquigarrow x$, 得到

$$((x^\sim \rightharpoonup x) \rightsquigarrow x)^\sim \rightharpoonup x^\sim \leqslant ((x^\sim \rightharpoonup x) \rightsquigarrow x)^\sim \rightharpoonup ((x^\sim \rightharpoonup x) \rightsquigarrow x).$$

那么

$$f(((x^\sim \rightharpoonup x) \rightsquigarrow x)^\sim \rightharpoonup ((x^\sim \rightharpoonup x) \rightsquigarrow x)) = f((x^\sim \rightharpoonup x) \rightsquigarrow x) = f(1).$$

同理可证 $f((x^- \rightsquigarrow x) \rightharpoonup x) = f(1)$.

反之, 假设 $f(x \rightharpoonup (y^- \rightsquigarrow y)) = t$, 则

$$x \rightharpoonup (y^- \rightsquigarrow y) \in f_t.$$

同时有 $(y^- \rightsquigarrow y) \rightharpoonup y \leqslant (x \rightharpoonup (y^- \rightsquigarrow y)) \rightharpoonup (x \rightharpoonup y) \in f_t$, 那么

$$x \rightharpoonup y \in f_t, \quad 即 f(x \rightharpoonup y) \geqslant t = f(x \rightharpoonup (y^- \rightsquigarrow y)).$$

由 $y^- \rightsquigarrow y \geqslant y, x \rightharpoonup (y^- \rightsquigarrow y) \geqslant x \rightharpoonup y$, 可知

$$f(x \rightharpoonup y) \leqslant f(x \rightharpoonup (y^- \rightsquigarrow y)),$$

则

$$f(x \rightarrow y) = f(x \rightarrow (y^- \rightsquigarrow y)).$$

因此

$$f(x \rightsquigarrow y) = f(x \rightsquigarrow (y^\sim \rightarrow y)).$$

那么 f 是 A 的模糊布尔滤子.

推论 4.20 有界伪 BCK 代数的模糊蕴涵伪滤子是模糊布尔滤子.

定理 4.40 令 $(A, \leqslant, \rightarrow, \rightsquigarrow, 0, 1)$ 为有界伪 BCK 代数, f 为其模糊布尔代数. 那么对于所有 $x, y \in A$,

$$f((y \rightsquigarrow x) \rightarrow x) = f((x \rightarrow y) \rightsquigarrow y).$$

证明 令 $f((x \rightarrow y) \rightsquigarrow y) = t$, 则

$$(x \rightarrow y) \rightsquigarrow y \in f_t,$$

$$(x \rightarrow y) \rightsquigarrow y \leqslant (y \rightsquigarrow x) \rightarrow ((x \rightarrow y) \rightsquigarrow x) = (x \rightarrow y) \rightsquigarrow ((y \rightsquigarrow x) \rightarrow x).$$

又因为 $x \rightarrow y \geqslant ((y \rightsquigarrow x) \rightarrow x) \rightarrow y$ 及 $(x \rightarrow y) \rightsquigarrow ((y \rightsquigarrow x) \rightarrow x) \leqslant (((y \rightsquigarrow x) \rightarrow x) \rightarrow y) \rightsquigarrow ((y \rightsquigarrow x) \rightarrow x)$, 所以

$$(x \rightarrow y) \rightsquigarrow y \leqslant (((y \rightsquigarrow x) \rightarrow x) \rightarrow y) \rightsquigarrow ((y \rightsquigarrow x) \rightarrow x).$$

因此

$$((((y \rightsquigarrow x) \rightarrow x) \rightarrow y) \rightsquigarrow ((y \rightsquigarrow x) \rightarrow x) \in f_t.$$

有 $(y \rightsquigarrow x) \rightarrow x \in f_t$, 即

$$f((y \rightsquigarrow x) \rightarrow x) \geqslant f((x \rightarrow y) \rightsquigarrow y).$$

同理可证 $f((y \rightsquigarrow x) \rightarrow x) \leqslant f((x \rightarrow y) \rightsquigarrow y).$

推论 4.21 令 $(A, \leqslant, \rightarrow, \rightsquigarrow, 0, 1)$ 为有界伪 BCK 代数, 如果 f 为其模糊布尔代数, 那么对于所有 $x \in A$,

$$f(x^{-\sim}) = f(x^{\sim-}) = f(x).$$

定理 4.41 令 $(A, \leqslant, \rightarrow, \rightsquigarrow, 0, 1)$ 为有界伪 BCK(pP) 代数, 如果 f 为其模糊布尔代数, 那么对于所有 $x, y \in A$,

$$f(x \rightarrow y) = f(x \odot x \rightarrow y) = f((x \odot x \odot \cdots \odot x) \rightarrow y),$$
$$f(x \rightsquigarrow y) = f(x \odot x \rightsquigarrow y) = f((x \odot x \odot \cdots \odot x) \rightsquigarrow y).$$

证明　设 $f(x \rightsquigarrow (x \rightsquigarrow y)) = t$, 则

$$x \rightsquigarrow (x \rightsquigarrow y) \in f_t.$$

又 $x \rightsquigarrow (x \rightsquigarrow y) \leqslant ((x \rightsquigarrow y) \rightsquigarrow y) \rightharpoonup (x \rightsquigarrow y)$, 即有

$$((x \rightsquigarrow y) \rightsquigarrow y) \rightharpoonup (x \rightsquigarrow y) \in f_t.$$

因此

$$f(x \rightsquigarrow y) \geqslant t = f(x \rightsquigarrow (x \rightsquigarrow y)).$$

反向不等式易证, 则

$$f(x \rightsquigarrow y) = f(x \rightsquigarrow (x \rightsquigarrow y)) = f(x \odot x \rightsquigarrow y).$$

同理可证 $f(x \rightharpoonup y) = f(x \rightharpoonup (x \rightharpoonup y)) = f(x \odot x \rightharpoonup y)$. 由归纳可知结果成立. ■

定义 4.30　令 f 是 A 的模糊伪滤子, 则 f 称为模糊正规伪滤子当且仅当对于每一 $t \in [0,1]$, f_t 为空或为正规伪滤子.

定理 4.42　令 f 为伪 BCK 代数 A 的模糊伪子集, 那么以下条件等价:

(1) f 是模糊正规滤子;

(2) f 是模糊伪滤子满足 $f(x \rightharpoonup y) = f(x \rightsquigarrow y)$ 对于所有 $x,y \in A$;

(3) $f(1) \geqslant f(x)$, $f(x \rightsquigarrow z) \geqslant f(y) \wedge f(x \rightharpoonup (y \rightsquigarrow z))$, $f(x \rightharpoonup z) \geqslant f(y) \wedge f(x \rightsquigarrow (y \rightharpoonup z))$ 对于所有 $x,y,z \in A$;

(4) $f(1) \geqslant f(x)$, $f(x \rightharpoonup z) \geqslant f(y) \wedge f(x \rightharpoonup (y \rightharpoonup z))$, $f(x \rightsquigarrow z) \geqslant f(y) \wedge f(x \rightsquigarrow (y \rightsquigarrow z))$ 对于所有 $x,y,z \in A$.

证明　(1) $\Rightarrow$ (2). 对于所有 $x,y \in A$, 令 $f(x \rightharpoonup y) = t_1$, 因此 $x \rightharpoonup y \in f_{t_1}$, 则 $x \rightsquigarrow y \in f_{t_1}$, $f(x \rightsquigarrow y) \geqslant t_1 = f(x \rightharpoonup y)$. 对偶地, $f(x \rightharpoonup y) \geqslant f(x \rightsquigarrow y)$.

(2) $\Rightarrow$ (3). 明显.

(2) $\Rightarrow$ (4). 明显.

(3) $\Rightarrow$ (1). 令 $x = 1$, 可知 f 是模糊伪滤子. 对于任意 $t \in [0,1]$, 如果 $f_t \neq \varnothing$, $x \rightharpoonup y \in f_t$, 则

$$f(x \rightharpoonup y) \geqslant t. x \rightharpoonup ((x \rightharpoonup y) \rightsquigarrow y) = 1 \in f_t,$$

那么

$$f(x \rightharpoonup ((x \rightharpoonup y) \rightsquigarrow y)) = f(1) \geqslant t$$

和

$$f(x \rightsquigarrow y) \geqslant f(x \rightharpoonup y) \wedge f(x \rightharpoonup ((x \rightharpoonup y) \rightsquigarrow y)) \geqslant t,$$

因此 $x \rightsquigarrow y \in f_t$. 同理可证如果 $x \rightsquigarrow y \in f_t$, 则 $x \rightarrow y \in f_t$. 所以 f_t 是正规伪滤子, 即 f 是模糊正规的.

(4) $\Rightarrow$ (1). 类似于 (3) $\Rightarrow$ (1).　　■

类似于模糊蕴涵伪滤子的证明, 我们得到以下结果.

定理 4.43　令 f 是 A 的模糊伪滤子, 则 f 是模糊正规伪滤子当且仅当 $f_{f(1)}$ 为空或为正规伪滤子.

推论 4.22　令 F 是 A 的非空子集, 则 F 是正规伪滤子当且仅当 χ_F 为空或为模糊正规伪滤子.

定义 4.31　令 f 为伪 BCK 代数 A 的模糊伪滤子. f 称为模糊正蕴涵滤子, 如果对于所有 $x, y \in A$ 满足以下条件:

(1) $f(x \rightsquigarrow z) \geqslant f(x \rightsquigarrow (y \rightarrow z)) \wedge f(x \rightsquigarrow y)$;

(2) $f(x \rightarrow z) \geqslant f(x \rightarrow (y \rightsquigarrow z)) \wedge f(x \rightarrow y)$.

定理 4.44　令 f 是 A 的模糊伪滤子, 则 f 称为模糊正蕴涵伪滤子当且仅当对于每一 $t \in [0, 1]$, f_t 为空或为正蕴涵伪滤子.

定理 4.45　令 f 是 A 的模糊伪滤子, 则 f 是模糊正蕴涵伪滤子当且仅当 $f_{f(1)}$ 为空或为正蕴涵伪滤子.

推论 4.23　令 F 是 A 的非空子集, 则 F 是正蕴涵伪滤子当且仅当 χ_F 为空或为模糊正蕴涵伪滤子.

定理 4.46　令 f 为伪 BCK 代数 A 的模糊伪滤子, 则以下条件等价:

(1) f 是模糊正蕴涵滤子;

(2) $f(x \rightarrow z) \geqslant f(x \rightarrow (y \rightarrow z)) \wedge f(x \rightarrow y)$;

(3) $f(x \rightsquigarrow y) = f(x \rightsquigarrow (x \rightarrow y))$;

(4) $f(x \rightarrow y) = f(x \rightarrow (x \rightarrow y))$.

证明　(1) $\Rightarrow$ (2). 对于任意 $x, y, z \in A$, 有 $f(x \rightsquigarrow z) \geqslant f(x \rightsquigarrow (y \rightarrow z)) \wedge f(x \rightsquigarrow y)$. 由 f 是模糊正规的, 可知 (2) 成立.

(1) $\Rightarrow$ (3), 显然成立.

(2) $\Rightarrow$ (4). 在 (2) 中令 $y = x$ 和 $z = y$, 有 $f(x \rightarrow y) \geqslant f(x \rightarrow (x \rightarrow y)) \wedge f(x \rightarrow x) = f(x \rightarrow (x \rightarrow y)) \wedge f(1) = f(x \rightarrow (x \rightarrow y))$. 由滤子的保序性可知, 反向不等式成立. 因此 (3) 成立.

(3) $\Rightarrow$ (4). 显然成立.

(4) $\Rightarrow$ (1). 令 $f(x \rightarrow (y \rightarrow z)) \wedge f(x \rightarrow y) = t$. 则 $x \rightarrow (y \rightarrow z), x \rightarrow y \in f_t$. 因为 $y \leqslant (y \rightarrow z) \rightsquigarrow z$, 有 $x \rightarrow y \leqslant x \rightarrow ((y \rightarrow z) \rightsquigarrow z) = (y \rightarrow z) \rightsquigarrow (x \rightarrow z)$, 所以

$(y \rightharpoonup z) \rightsquigarrow (x \rightharpoonup z) \in f_t$, 又有 $(y \rightharpoonup z) \rightarrow (x \rightharpoonup z) \in f_t$. 另 $(y \rightharpoonup z) \rightarrow (x \rightharpoonup z) \leqslant (x \rightharpoonup (y \rightharpoonup z)) \rightarrow (x \rightharpoonup (x \rightharpoonup z)) \in f_t$, 则 $x \rightharpoonup (x \rightharpoonup z) \in f_t$. 由 (4), 可证 $x \rightharpoonup z \in f_t$, 即若 $x \rightsquigarrow (y \rightharpoonup z), x \rightsquigarrow y \in f_t$, 则 $x \rightsquigarrow z \in f_t$. 对偶地, 若 $x \rightharpoonup (y \rightsquigarrow z), x \rightharpoonup y \in f_t$, 则 $x \rightharpoonup z \in f_t$. 因此 f_t 是正蕴涵伪滤子, 即 f 是模糊正蕴涵的. ∎

文献 [12] 中有公开问题: "In pseudo-BCK algebra or bounded pseudo-BCK algebra, is the notion of implicative pseudo-filter equivalent to the notion of Boolean filter?"(在伪 BCK 代数或有界伪 BCK 代数中, 蕴涵伪滤子是否等价于布尔滤子?) 另一个公开问题: "Prove or negate that pseudo-BCK algebras is implicative BCK algebras if and only if every pseudo-filters of them is implicative pseudo-filters (or Boolean filter)." (证明或否定伪 BCK 代数是蕴涵 BCK 代数当且仅当每一个伪滤子是蕴涵伪滤子 (或布尔滤子)). 在这一部分, 受文献 [85] 启发, 通过伪 BCK(pP) 代数模糊正规伪滤子的相似等价条件, 我们得到两种滤子之间的关系并对于伪 BCK 代数的公开问题得出了一些结果.

定理 4.47　令 f 为伪 BCK(pP) 代数 A 的模糊伪滤子. f 是模糊正规滤子当且仅当 $f((x \odot y) \rightsquigarrow (y \odot x)) \wedge f((y \odot x) \rightharpoonup (x \odot y)) \geqslant f(y)$ 对于所有 $x, y \in A$.

证明　令 f 为模糊伪滤子. 对于任意 $y \in A$, 令 $t = f(y)$, 则 $y \in f_t$, f_t 是 A 的正规伪滤子. 对于任意 $x \in A$,

$$(y \odot x) \odot y = y \odot (x \odot y) \leqslant x \odot y,$$

因为 $y \leqslant (y \odot x) \rightsquigarrow (x \odot y)$, 则

$$(y \odot x) \rightsquigarrow (x \odot y) \in f_t 和 (y \odot x) \rightharpoonup (x \odot y) \in f_t,$$

因此

$$f((y \odot x) \rightharpoonup (x \odot y)) \geqslant t = f(y).$$

对偶地,

$$f((x \odot y) \rightsquigarrow (y \odot x)) \geqslant t = f(y).$$

因此可知对于所有 $x, y \in A$,

$$f((x \odot y) \rightsquigarrow (y \odot x)) \wedge f((y \odot x) \rightharpoonup (x \odot y)) \geqslant f(y).$$

反之, 对于任意 $t \in [0, 1]$, 若 $f_t \neq \varnothing$, 则 f_t 是伪滤子且存在 $y \in f_t$. 若 $f((y \odot x) \rightharpoonup (x \odot y)) \geqslant f(y) \geqslant t$, 则

$$(y \odot x) \rightharpoonup (x \odot y) \in f_t.$$

若 $((y \odot x) \rightharpoonup (x \odot y)) \odot y = (y \rightharpoonup (x \rightharpoonup (x \odot y))) \odot y \leqslant x \rightharpoonup (x \odot y)$, 则对于任意 $x \in A$,

$$y \in f_t, x \rightharpoonup (x \odot y) \in f_t.$$

对于任意 $a, b \in A$, 若 $a \rightsquigarrow b \in f_t$, 由上可知

$$a \rightharpoonup a \odot (a \rightsquigarrow b) = a \rightharpoonup b \in f_t.$$

对偶地, 对于任意 $x \in A, y \in f_t$,

$$x \rightsquigarrow (y \odot x) \in f_t.$$

对于任意 $a, b \in A$, 若 $a \rightharpoonup b \in f_t$, 由上可知

$$a \rightsquigarrow (a \rightharpoonup b) \odot a = a \rightsquigarrow b \in f_t.$$

因此 f_t 是正规伪滤子, 即 f 是模糊正规的.

推论 4.24 伪 BCK(pP) 代数 A 的每一个模糊布尔滤子都是模糊正规滤子.

推论 4.25 伪 BCK(pP) 代数 A 的每一个模糊布尔滤子都是模糊蕴涵滤子.

证明 令 f 为模糊布尔滤子. 对于任意 $x, y \in A$,

$$f((x \rightharpoonup y) \rightsquigarrow x) = f(x), \quad f((x \rightsquigarrow y) \rightharpoonup x) = f(x).$$

即

$$f((x \rightharpoonup y) \rightharpoonup x) = f(x), \quad f((x \rightsquigarrow y) \rightsquigarrow x) = f(x).$$

因此由定义, f 是模糊蕴涵的.

推论 4.26 令 f 为伪 BCK(pP) 代数 A 的模糊正规滤子. f 是模糊布尔滤子当且仅当 f 是模糊蕴涵滤子.

基于推论 4.24~ 推论 4.26, 我们可以得出以下结果.

定理 4.48 在有界伪 BCK 代数中, 每一个模糊蕴涵伪滤子都是模糊布尔滤子. 在伪 BCK(pP) 代数中, 每一个模糊布尔滤子都是模糊蕴涵伪滤子.

对于第一个公开问题, 我们可以得出以下定理.

定理 4.49 在有界伪 BCK 代数中, 每一个蕴涵伪滤子都是布尔滤子. 在伪 BCK(pP) 代数中, 每一个布尔滤子都是蕴涵伪滤子.

对于第二个公开问题, 我们有以下结果.

定理 4.50 令 $(A, \rightharpoonup, 1)$ 为 BCK 代数. 那么 A 是蕴涵 BCK 代数当且仅当它的每一个滤子都是蕴涵滤子.

定理 4.51　令 $(A, \leqslant, \rightarrow, \rightsquigarrow, 0, 1)$ 为有界伪 BCK 代数. 那么 A 是有界蕴涵 BCK 代数当且仅当它的每一个伪滤子是蕴涵伪滤子.

定理 4.52　令 $(A, \leqslant, \rightarrow, \rightsquigarrow, 0, 1)$ 为有界伪 BCK 代数. 那么 A 是有界蕴涵 BCK 代数当且仅当它的每一个伪滤子是布尔滤子.

基于以上结果, 我们可以得到以下结果.

定理 4.53　伪 BCK(pP) 代数是蕴涵 BCK 代数当且仅当它的每一个伪滤子是布尔滤子.

证明　由文献 [67] 中的结果, 伪 BCK 代数是蕴涵 BCK 代数当且仅当对于所有 $x, y \in A$, $x \rightarrow y = x \rightsquigarrow y$ 和它的每一个伪滤子都是蕴涵伪滤子 (同时也是布尔滤子), 因此必要性显然.

现在假设伪 BCK(pP) 代数 A 的每一个伪 F 是布尔滤子, 则 A 的每一个模糊伪滤子 χ_F 是模糊布尔滤子, 即 χ_F 是模糊正规伪滤子, 进一步 χ_F 是模糊正蕴涵伪滤子. 因此 F 是正蕴涵伪滤子. 又由定理 4.5$^{[12]}$ 可知 $(A, \rightarrow, 1)$ 是正蕴涵 BCK 代数, 而且对于所有 $x, y \in A$, $x \rightarrow y = x \rightsquigarrow y$. 因此可知, A 的所有伪滤子是正蕴涵的, 也是蕴涵的, 因此由文献 [67] 中结果可知 A 是蕴涵 BCK 代数. ■

推论 4.27　如果伪 BCK(pP) 代数是蕴涵 BCK 代数, 那么它的每一个伪滤子是蕴涵伪滤子.

以下伪 BCK(pP) 代数的定理可以回答文献 [12] 中的第二个公开问题.

定理 4.54　伪 BCK(pP) 代数是蕴涵 BCK(pP) 代数当且仅当它的每一个伪滤子是布尔滤子 (同时它们是蕴涵伪滤子).

4.2.3　伪 BCK 代数的滤子公开问题的非模糊化证明

定理 4.55　令 F 为伪 BCK(pP) 代数 A 的伪滤子. F 为正规滤子当且仅当 $x \odot y \rightsquigarrow y \odot x$, $y \odot x \rightarrow x \odot y \in F$ 对于所有 $x \in A$ 及 $y \in F$.

证明　类似于文献 [106].　■

定理 4.56　令 F 为伪 BCK(pP) 代数 A 的伪滤子. F 为正规滤子当且仅当 $x \rightsquigarrow y \odot x$, $x \rightarrow x \odot y \in F$ 对于所有 $x \in A$ 及 $y \in F$.

证明　假设 F 是正规滤子. 对于所有 $x \in A$ 和 $y \in F$, 由定理 4.55 可知

$$y \odot x \rightarrow x \odot y \in F,$$

那么

$$(y \odot x \rightarrow x \odot y) \odot y = (y \rightarrow (x \rightarrow x \odot y)) \odot y \leqslant x \rightarrow x \odot y \in F.$$

同理可证 $x \rightsquigarrow y \odot x \in F$.

反之, 对于所有 $x \in A$ 和 $y \in F$,

$$x \rightsquigarrow y \odot x, \quad x \rightarrow x \odot y \in F.$$

因为

$$y \odot x \rightarrow x \odot y = y \rightarrow (x \rightarrow x \odot y) \geqslant x \rightarrow x \odot y,$$

$$x \odot y \rightsquigarrow y \odot x = y \rightsquigarrow (x \rightsquigarrow x \odot y) \geqslant x \rightsquigarrow x \odot y.$$

因此

$$x \odot y \rightsquigarrow y \odot x, y \odot x \rightarrow x \odot y \in F.$$

所以 F 是正规滤子.

推论 4.28 伪 $\mathrm{BCK}(pP)$ 代数的每一个布尔滤子都是正规的.

定理 4.57 伪 $\mathrm{BCK}(pP)$ 代数的每一个布尔滤子都等价于蕴涵伪滤子.

定理 4.58 令 F 有界伪 BCK 代数 A 的伪滤子, 则以下条件等价:

(1) F 是 A 的布尔滤子;

(2) 对于所有 $x \in A$,

$$((x \rightsquigarrow 0) \rightarrow x) \rightsquigarrow x \in F,$$

即 $(x^\sim \rightarrow x) \rightsquigarrow x \in F, ((x \rightarrow 0) \rightsquigarrow x) \rightarrow x \in F$, 即 $(x^- \rightsquigarrow x) \rightarrow x \in F$;

(3) $x \rightarrow (y^- \rightsquigarrow y) \in F$ 蕴涵 $x \rightarrow y \in F$, $x \rightsquigarrow (y^\sim \rightarrow y) \in F$ 蕴涵 $x \rightsquigarrow y \in F$ 对于所有 $x, y \in A$.

定理 4.59 令 $(A, \leqslant, \rightarrow, \rightsquigarrow, 0, 1)$ 为有界伪 BCK 代数, 则 F 为 A 的蕴涵伪滤子, 那么

(1) $\forall x, y \in A, (x^- \rightsquigarrow x) \rightarrow x \in F$;

(2) $\forall x, y \in A, (x^\sim \rightarrow x) \rightsquigarrow x \in F$.

证明 (1) 由 $x \leqslant (x^- \rightsquigarrow x) \rightarrow x$, 得

$$((x^- \rightsquigarrow x) \rightarrow x)^- \leqslant x^- \text{和} ((x^- \rightsquigarrow x) \rightarrow x)^- \rightarrow x^- = 1.$$

又 $x^- \leqslant (x^- \rightsquigarrow x) \rightarrow x$, 则

$$((x^- \rightsquigarrow x) \rightarrow x)^- \rightarrow x^- \leqslant ((x^- \rightsquigarrow x) \rightarrow x)^- \rightarrow ((x^- \rightsquigarrow x) \rightarrow x).$$

可知

$$((x^- \rightsquigarrow x) \rightarrow x)^- \rightarrow ((x^- \rightsquigarrow x) \rightarrow x) \in F,$$

则

$$(x^- \rightsquigarrow x) \rightarrow x \in F.$$

(2) 类似于 (1).

推论 4.29　有界伪 BCK 代数的蕴涵伪滤子都是布尔滤子.

基于以上定理, 我们可以通过以下定理部分回答第一个公开问题.

定理 4.60　在有界伪 BCK 代数中, 每一个蕴涵伪滤子都是布尔滤子. 在伪 BCK(pP) 代数中, 每一个布尔滤子都是蕴涵伪滤子.

定理 4.61　若 F 是布尔滤子, 则 $x \rightharpoonup (x \rightarrow y) \in F$ 蕴涵 $x \rightharpoonup y \in F$, $x \rightsquigarrow (x \rightsquigarrow y) \in F$ 蕴涵 $x \rightsquigarrow y \in F$.

证明　假设 $x \rightharpoonup (x \rightarrow y) \in F$. 由 $x \rightharpoonup (x \rightarrow y) \leqslant ((x \rightarrow y) \rightarrow y) \rightsquigarrow (x \rightarrow y)$. 可知 $((x \rightarrow y) \rightarrow y) \rightsquigarrow (x \rightarrow y) \in F$, 即 $x \rightarrow y \in F$. 同理可证 $x \rightsquigarrow (x \rightsquigarrow y) \in F$ 蕴涵 $x \rightsquigarrow y \in F$. ∎

基于以上定理, 我们可以得到如下定理.

定理 4.62　伪 BCK(pP) 代数是蕴涵 BCK(pP) 代数当且仅当它的每一个伪滤子都是布尔滤子.

证明　伪 BCK 代数是蕴涵 BCK 代数当且仅当对于所有 $x, y \in A$, $x \rightharpoonup y = x \rightsquigarrow y$, 且它的每一个伪滤子都是蕴涵伪滤子 (同时也都是布尔滤子), 所以必要性显然.

现在假设伪 BCK(pP) 代数 A 的每一个伪滤子 F 都是布尔滤子. 则由推论 4.24 可知, F 是正规滤子. 由定理 3.4[12], F 也是 A 的正蕴涵伪滤子. $(A, \rightarrow, 1)$ 是正蕴涵 BCK 代数, 且对于所有 $x, y \in A$, $x \rightharpoonup y = x \rightsquigarrow y$. 那么可知 A 的所有滤子是正蕴涵的, 也是蕴涵的, 所以由文献 [67] 的结果可知 A 是蕴涵 BCK 代数. ∎

我们进一步可以得到如下推论.

推论 4.30　伪 BCK(pP) 代数是蕴涵 BCK(pP) 代数当且仅当它的每一个伪滤子都是蕴涵伪滤子.

因此我们可以通过以下定理部分回答文献 [12] 中的公开问题.

定理 4.63　伪 BCK(pP) 代数是蕴涵 BCK(pP) 代数当且仅当它的每一个伪滤子都是布尔滤子 (同时它们也是蕴涵伪滤子).

4.3　CI 代数的模糊滤子

4.3.1　CI 代数和滤子

定义 4.32　CI 代数 $(A, *, 1)$ 是一个 (2,0) 型代数结构, 满足以下条件:

(1) $s * s = 1$;

(2) $1 * s = s$;

(3) $s * (t * h) = t * (s * h)$ 对于所有 $s, t, h \in A$.

例如, 令 X 为正实数集. 那么, X 成为 CI 代数, 如果我们定义 $s * t = \dfrac{t}{s}(s \neq 0)$ 对于所有 $s, t \in X$.

本节中 A 代表一个 CI 代数, 除非另外说明.

定义 4.33 CI 代数 $(X, *, 1)$ 上的一个偏序关系 $\leqslant$ 如下定义:

$$s \leqslant t \Leftrightarrow s * t = 1.$$

定义 4.34 A 的子集 S 称为子代数如果 $s * t \in S$ 对于所有 $s, t \in S$.

定义 4.35 A 的滤子 H 是一个包含 1 的非空子集满足对于所有 $s, t \in A$, $s * t \in H, s \in H \Rightarrow t \in H$.

易得到以下推论.

推论 4.31 令 H 是一个包含 1 的非空子集, 那么 H 是一个滤子只有当 $s \in H, s \leqslant t \Rightarrow t \in H$ 时.

定义 4.36 滤子 H 称为闭的, 如果对于所有 $s \in H, s * 1 \in H$.

4.3.2 CI 代数的模糊滤子

本节中我们定义 CI 代数的模糊滤子, 并讨论其性质.

令 T 代表正实数集, 并且定义 $s * t = \dfrac{t}{s}$ 对于所有 $s, t \in T$. 那么我们可以发现 T 是 CI 代数. T 的模糊子集 M 定义如下: $M(1) = 0.8$; $M(2^n) = 0.7, n \in N$; $M(x) = 0.5$, 其他. 那么我们可知 M 是 T 的模糊滤子.

定义 4.37 模糊集 M 是 A 的模糊滤子只有当 $M(1) \geqslant M(s)$, $M(t) \geqslant \min\{M(s), M(s * t)\}$ 时.

文献 [85] 引入了伪 BL 代数的模糊滤子并讨论了其性质. 基于文献 [85] 的研究结果, 我们可以得到以下相似结果, 不再赘述.

命题 4.20 模糊集 M 是 A 的模糊滤子只有对于 $s, t, h \in A, s * (t * h) = 1$(i.e.$s \leqslant t * h) \Rightarrow M(h) \geqslant \min\{M(s), M(t)\}$.

命题 4.21 任何模糊滤子 M 都是保序的.

命题 4.22 A 的模糊滤子的交还是 A 的模糊滤子.

4.3.3 CI 代数的 N-结构滤子和模糊滤子的关系

文献 [95] 中, Muralikrishna 等通过将 N 应用于 CI 代数, 研究了 CI 代数的 N-结构滤子并得到了一些结果.

以下为 CI 代数 N-结构滤子的一些结果.

定义 4.38　CI 代数 A 的一个 N-结构 (A, η) 称为一个 N-子代数, 如果 $\eta(s*t) \leqslant \min\{\eta(s), \eta(t)\}$ 对于所有 $s, t \in A$.

命题 4.23　一个 N-子代数 (A, η) 满足 $\eta(1) \leqslant \eta(s*1) \leqslant \eta(s)$ 对于所有 $s \in A$.

命题 4.24　如果 (A, η) 是 A 的一个 N-子代数, 那么 A 的负水平截集 η_l 为空或为 A 的子代数, 对于所有 $l \in [-1, 0]$.

定义 4.39　CI 代数 A 的 N-子代数称为 A 的 N-结构滤子 (N-滤子), 如果 (1) $\eta(1) \leqslant \eta(s)$; (2) $\eta(t) \leqslant \max\{\eta(s*t), \eta(s)\}$ 对于所有 $s, t \in A$.

定义 4.40　CI 代数 A 的 N-子代数称为 A 的 N-结构闭滤子 (Nc-滤子) 如果 (1) $\eta(t) \leqslant \max\{\eta(s*t), \eta(s)\}$; (2) $\eta(s*1) \leqslant \eta(1)$ 对于所有 $s, t \in A$.

命题 4.25　如果 (A, η) 是 A 的 N-滤子且 $s \leqslant t$ 对于所有 $s, t \in A$, 那么 $\eta(s) \geqslant \eta(t)$, 即 η 是逆序的.

命题 4.26　如果 (A, η) 是 A 的 N-滤子且 $s \leqslant t*h$ 对于所有 $s, t, h \in A$, 那么 $\eta(h) \leqslant \max\{\eta(s), \eta(t)\}$.

定理 4.64　令 (A, η) 为 A 的 N-子代数. 如果 $\eta(s*t) \leqslant \eta(t*s)$ 对于所有 $s, t \in A$, 那么 (A, η) 是 A 的 N-滤子.

定理 4.65　如果 A 的 N-结构子代数 (A, η) 是 Nc-滤子, 那么集合 $K = \{s \in A : \eta(s) = \eta(1)\}$ 是 A 的滤子.

定理 4.66　令 $\eta_i (i \in I)$ 为 A 的 Nc-滤子族. 那么, $\bigcup_i \eta_i$ 也是 A 的 Nc-滤子.

令 M 为模糊滤子. 如果我们用 η 代表 $-M$ 在 CI 代数中, 我们可以进一步发现文献 [95] 中定义 3.1、命题 3.3、命题 3.4、定义 3.5、定义 3.6、命题 3.9、命题 3.10、定理 3.14、定理 3.15、定理 3.16 是 CI 代数模糊滤子的直接结果.

从以上的结果, 我们可以发现文献 [95] 中 CI 代数的 N-结构子代数、N-结构滤子概念和一些性质结果是 CI 代数模糊滤子的直接结果.

4.4　可换剩余格与剩余格的模糊滤子

4.4.1　可换剩余格与剩余格

定义 4.41　一个可换格序剩余幺半群 (格序可换剩余幺半群) 是一个序代数结构 $(L, \vee, \wedge, \odot, \rightarrow, e)$, 满足以下条件:

(1) $(L, \vee, \wedge)$ 是一个格, 其序关系为 $\leqslant$;

(2) $(L, \odot, e)$ 是一个可换拟群, 其中, e 为单位元;

(3) $x \odot y \leqslant z \Leftrightarrow x \leqslant y \rightarrow z$, 对于所有 $x, y, z \in L$.

一个可换格序剩余幺半群 A 称为整的, 如果对于所有 $x \in L, x \leqslant e$. 在整的可换格序剩余幺半群中, 我们用 "1" 代替 e, 称其为最大元. 另外, 可换格序剩余幺半群未必有最小元 (零元), 我们称有最小元的可换格序剩余幺半群为 FL_e-代数, 有最小元的整可换格序剩余幺半群为 FL_{ew}-代数.

定理 4.67 在一个可换格序剩余幺半群 L 中, 对于所有 $x, y, z \in L$, 以下条件成立:

(1) $e \to x = x, e \leqslant x \to x$;

(2) $x \leqslant y \Leftrightarrow e \leqslant x \to y = 1$, 如果 L 是整的, 则有 $x \leqslant y \Leftrightarrow x \to y = 1$;

(3) $x \odot (x \to y) \leqslant y$;

(4) $x \to (y \to z) = (x \odot y) \to z = y \to (x \to z)$;

(5) $(x \to e) \odot (y \to e) \leqslant (x \odot y) \to e$;

(6) $x \to (y \wedge z) = (x \to y) \wedge (x \to z)$;

(7) $(x \vee y) \to z = (x \to z) \wedge (y \to z)$;

(8) $x \to y \leqslant (z \to x) \to (z \to y), z \to x \leqslant (x \to y) \to (z \to y)$;

(9) $x \to y \leqslant (z \odot x) \to (z \odot y)$;

(10) $x \odot (y \vee z) = (x \odot y) \vee (x \odot z)$;

(11) 如果 L 有最小元, 则 L 也有最大元, 且 $x \odot 0 = 0, 0 \to x = 1, x \to 1 = 1$;

(12) $x \leqslant y \to (x \odot y)$;

(13) $x \leqslant y \Rightarrow x \odot z \leqslant y \odot z$.

定义 4.42 一个可换剩余格是一个有最小元的、整的可换格序剩余幺半群, 即一个可换剩余格是一个 $(2,2,2,2,0,0)$ 型代数 $(L, \vee, \wedge, \odot, \to, 0, 1)$ 满足

(1) $(L, \vee, \wedge, 0, 1)$ 是一个有界格, 相应的序为 $\leqslant$, $0,1$ 分别是最小元和最大元;

(2) $(L, \odot, 1)$ 是一个可换拟群, 这里 1 为单位元;

(3) $x \odot y \leqslant z \Leftrightarrow x \leqslant y \to z$ 对于所有 $x, y, z \in L$.

命题 4.27 在一个可换剩余格 L 中, 对于所有 $x, y, z \in L$, 以下性质成立:

(1) $x \leqslant y \to x$;

(2) $x \vee y \leqslant ((x \to y) \to y) \wedge ((y \to x) \to x)$;

(3) $x \to y \leqslant (x \vee z) \to (y \vee z)$;

(4) $x \odot (y \wedge z) \leqslant (x \odot y) \wedge (x \odot z)$;

(5) $x \to y \leqslant (x \wedge z) \to (y \wedge z)$.

定义 4.43 一个格序剩余幺半群 (或剩余格序幺半群) 是一个代数 $(L, \vee, \wedge, \odot, \to, \hookrightarrow, e)$ 满足以下条件:

(1) $(L, \vee, \wedge)$ 是一个格, 其序关系为 $\leqslant$;

(2) $(L, \odot, e)$ 是一个拟群, 其中 e 为单位元;

(3) $x \odot y \leqslant z \Leftrightarrow x \leqslant y \rightarrow z \Leftrightarrow y \leqslant x \hookrightarrow z$, 对于所有 $x, y, z \in L$.

一个格序剩余幺半群 L 称为整的, 如果 $x \leqslant e$ 对于所有 $x \in L$. 在整的格序剩余幺半群中, 我们用 "1" 代替 e.

注释 4.1　　(1) 运算 $\odot$ 具有交换性当且仅当 $\rightarrow$ 与 $\hookrightarrow$ 相同, 此时即为可换格序剩余幺半群.

(2) 格序剩余幺半群未必有最小元 (零元), 称有最小元的格序剩余幺半群为 FL_e-代数 (full Lambek algebra), 有最小元的整可换格序剩余幺半群为 FL_w-代数.

命题 4.28　　在一个整的格序剩余幺半群 L 中, 对于所有 $x, y, z \in L$, 以下条件成立:

(1) $e \rightarrow x = x = e \hookrightarrow x$, 如果 L 是整的, 则有

$$1 \rightarrow x = x = 1 \hookrightarrow x;$$

(2) $e \leqslant x \rightarrow x \Leftrightarrow e \leqslant x \hookrightarrow x$, 如果 L 是整的, 则有

$$x \rightarrow x = 1 = x \hookrightarrow x;$$

(3) $x \leqslant y \Leftrightarrow e \leqslant x \rightarrow y \Leftrightarrow e \leqslant x \hookrightarrow y$, 如果 L 是整的, 则有

$$x \leqslant y \Leftrightarrow x \rightarrow y = 1 \Leftrightarrow x \hookrightarrow y = 1;$$

(4) $(x \rightarrow y) \odot x \leqslant y,\ x \odot (x \rightarrow y) \leqslant y$;

(5) $x \leqslant (x \rightarrow y) \hookrightarrow y,\ x \leqslant (x \hookrightarrow y) \rightarrow y$;

(6) $(x \odot y) \rightarrow z = x \rightarrow (y \rightarrow z),\ (y \odot x) \hookrightarrow z = x \hookrightarrow (y \hookrightarrow z)$;

(7) $x \rightarrow (y \hookrightarrow z) = y \hookrightarrow (x \rightarrow z)$;

(8) $x \rightarrow y \leqslant (x \odot z) \rightarrow (y \odot z),\ x \hookrightarrow y \leqslant (z \odot x) \hookrightarrow (z \odot y)$;

(9) $x \rightarrow y \leqslant (z \rightarrow x) \rightarrow (z \rightarrow y),\ x \hookrightarrow y \leqslant (z \hookrightarrow x) \hookrightarrow (z \hookrightarrow y)$;

(10) $x \rightarrow y \leqslant (y \rightarrow z) \hookrightarrow (x \rightarrow z),\ x \hookrightarrow y \leqslant (y \hookrightarrow z) \rightarrow (x \hookrightarrow z)$;

(11) $x \odot (y \vee z) = (x \odot y) \vee (x \odot z),\ (y \vee z) \odot x = (y \odot x) \vee (z \odot x)$;

(12) $x \rightarrow (y \wedge z) = (x \rightarrow y) \wedge (x \rightarrow z),\ x \hookrightarrow (y \wedge z) = (x \hookrightarrow y) \wedge (z \hookrightarrow x)$;

(13) $(x \vee y) \rightarrow z = (x \rightarrow z) \wedge (y \rightarrow z),\ (x \vee y) \hookrightarrow z = (x \hookrightarrow z) \wedge (y \hookrightarrow z)$;

(14) 如果 L 有最小元, 则 L 也有最大元, 且 $x \odot 0 = 0 \odot x = 0,\ 0 \rightarrow x = 0 \hookrightarrow x = 1,\ x \rightarrow 1 = x \hookrightarrow 1 = 1$;

(15) $x \leqslant y \to (x \odot y)$, $y \leqslant x \hookrightarrow (x \odot y)$;

(16) $x \leqslant y \Rightarrow x \odot z \leqslant y \odot z$, $x \leqslant y \Rightarrow z \odot x \leqslant z \odot y$.

定义 4.44 一个剩余格是一个有界的、整的格序剩余幺半群, 即一个剩余格是一个 $(2,2,2,2,2,0,0)$ 型代数 $(L, \vee, \wedge, \odot, \to, \hookrightarrow, 0, 1)$ 满足

(1) $(L, \vee, \wedge, \odot, \to, \hookrightarrow, 0, 1)$ 是一个有界格;

(2) $(L, \odot, 1)$ 是一个拟群;

(3) $x \odot y \leqslant z \Leftrightarrow x \leqslant y \to z \Leftrightarrow y \leqslant x \hookrightarrow z$ 对于所有 $x, y, z \in L$.

命题 4.29 在一个剩余格 L 中, 对于所有 $x, y, z \in A$, 以下性质成立:

(1) $(x \odot y) \to z = x \to (y \to z)$,

   $(y \odot x) \hookrightarrow z = x \hookrightarrow (y \hookrightarrow z)$;

(2) $x \leqslant (x \to y) \hookrightarrow y$, $x \leqslant (x \hookrightarrow y) \to y$;

(3) $x \leqslant y \Leftrightarrow x \to y = 1 \Leftrightarrow x \hookrightarrow y = 1$;

(4) $x \odot y \leqslant x \wedge y \leqslant x, y$, $1 \to x = x = 1 \hookrightarrow x$;

(5) $x \leqslant y \Rightarrow y \to z \leqslant x \to z$ 和 $y \hookrightarrow z \leqslant x \hookrightarrow z$;

(6) $x \leqslant y \Rightarrow z \to x \leqslant z \to y$ 和 $z \hookrightarrow x \leqslant z \hookrightarrow y$;

(7) $x \to y \leqslant (z \to x) \to (z \to y)$,

   $x \hookrightarrow y \leqslant (z \hookrightarrow x) \hookrightarrow (z \hookrightarrow y)$;

(8) $x \to y \leqslant (y \to z) \hookrightarrow (x \to z)$,

   $x \hookrightarrow y \leqslant (y \hookrightarrow z) \to (x \hookrightarrow z)$;

(9) $x \vee y \leqslant ((x \to y) \hookrightarrow y) \wedge ((y \to x) \hookrightarrow x)$;

(10) $x \vee y \leqslant ((x \hookrightarrow y) \to y) \wedge ((y \hookrightarrow x) \to x)$;

(11) $x \leqslant y \to x$, $x \leqslant y \hookrightarrow x$;

(12) $x \to y \leqslant (z \vee x) \to (z \vee y)$,

   $x \hookrightarrow y \leqslant (z \vee x) \hookrightarrow (z \vee y)$;

(13) $x \odot (y \wedge z) \leqslant (x \odot y) \wedge (x \odot z)$,

   $(y \wedge z) \odot x \leqslant (y \odot x) \wedge (z \odot x)$;

(14) $x \to y \leqslant (z \wedge x) \to (z \wedge y)$,

   $x \hookrightarrow y \leqslant (z \wedge x) \hookrightarrow (z \wedge y)$;

(15) $(x \to y) \odot x \leqslant x \wedge y$, $x \odot (x \hookrightarrow y) \leqslant x \wedge y$.

在后文中, 我们同样约定在剩余格中, 运算 $\vee, \wedge, \odot$ 优先于运算 $\to, \hookrightarrow$ 且定义 $x^- = x \to 0$, $x^\sim = x \hookrightarrow 0$ 对于所有 $x \in L$.

定义 4.45　一个伪 BL 代数 $(A, \vee, \wedge, \odot, \to, \hookrightarrow, 0, 1)$ 是一个非交换剩余格, 若其满足对于所有 $x, y, z \in A$,

(1) $x \wedge y = (x \to y) \odot x = x \odot (x \hookrightarrow y)$;

(2) $(x \to y) \vee (y \to x) = (x \hookrightarrow y) \vee (y \hookrightarrow x) = 1$.

定义 4.46　一个伪 MTL 代数 $(A, \vee, \wedge, \odot, \to, \hookrightarrow, 0, 1)$ 是一个非交换剩余格, 若其满足对于所有 $x, y, z \in A$,

(1) $(x \to y) \odot x \leqslant x \wedge y,\ x \odot (x \hookrightarrow y) \leqslant x \wedge y$;

(2) $(x \to y) \vee (y \to x) = (x \hookrightarrow y) \vee (y \hookrightarrow x) = 1$.

可以发现任何伪 BL 代数和伪 MTL 代数是一个非交换剩余格 [14].

命题 4.30　在一个非交换剩余格 A 中, 对于所有 $x, y, z \in A$, 以下性质成立:

(1) $(x \odot y) \to z = x \to (y \to z)$,

$\quad (y \odot x) \hookrightarrow z = x \hookrightarrow (y \hookrightarrow z)$;

(2) $x \leqslant (x \to y) \hookrightarrow y,\ x \leqslant (x \hookrightarrow y) \to y$;

(3) $x \leqslant y \Leftrightarrow x \to y = 1 \Leftrightarrow x \hookrightarrow y = 1$;

(4) $x \odot y \leqslant x \wedge y \leqslant x, y,\ 1 \to x = x = 1 \hookrightarrow x$;

(5) $x \leqslant y \Rightarrow y \to z \leqslant x \to z$ 和 $y \hookrightarrow z \leqslant x \hookrightarrow z$;

(6) $x \leqslant y \Rightarrow z \to x \leqslant z \to y$ 和 $z \hookrightarrow x \leqslant z \hookrightarrow y$;

(7) $x \to y \leqslant (z \to x) \to (z \to y)$,

$\quad x \hookrightarrow y \leqslant (z \hookrightarrow x) \hookrightarrow (z \hookrightarrow y)$;

(8) $x \to y \leqslant (y \to z) \hookrightarrow (x \to z)$,

$\quad x \hookrightarrow y \leqslant (y \hookrightarrow z) \to (x \hookrightarrow z)$;

(9) $x \vee y \leqslant ((x \to y) \to y) \wedge ((y \to x) \to x)$;

(10) $x \vee y \leqslant ((x \hookrightarrow y) \to y) \wedge ((y \hookrightarrow x) \to x)$.

在后文中, 我们使用 A 代表一个非交换剩余格, 并约定运算 $\vee, \wedge, \odot$ 优先于运算 $\to, \hookrightarrow$ 且定义 $x^- = x \to 0, x^\sim = x \hookrightarrow 0$ 对于所有 $x \in A$.

4.4.2　剩余格的滤子

定义 4.47　设 $(L, \vee, \wedge, \odot, \to, \hookrightarrow, 0, 1)$ 是剩余格, F 是 L 的一个非空子集, F 称为 L 的一个滤子, 如果对于所有 $x, y \in L$,

(1) 若 $x, y \in F$, 则 $x \odot y \in F$;

(2) 若 $x \in F$ 并且 $x \leqslant y$, 则 $y \in F$.

若 F 是剩余格 L 的滤子, 由于 F 非空, 故由定义 4.47 知 $1 \in F$. 由此可得剩余格滤子的如下充要条件.

命题 4.31 设 $(L, \vee, \wedge, \odot, \to, \hookrightarrow, 0, 1)$ 是剩余格, F 是 L 的一个非空子集, F 称为 L 的一个滤子, 如果对于所有 $x, y \in L$,

(1) $1 \in F$ 且 $x, x \to y \in F$ 蕴涵 $y \in F$;

(2) $1 \in F$ 且 $x, x \hookrightarrow y \in F$ 蕴涵 $y \in F$.

定义 4.48 设 F 是 A 的一个滤子. F 称为 A 的超滤子, 若其对于所有 $x \in A$, 满足 $x \in F$ 或 $x^- \in F$ 且 $x^\sim \in F$.

定义 4.49 设 F 是 A 的一个滤子. F 称为 A 的固执滤子, 若其对于所有 $x \in A$, 满足条件 $x \in F$, $y \in F$ 蕴涵着 $x \to y \in F$ 和 $x \hookrightarrow y \in F$.

定义 4.50 设 F 是 A 的一个滤子. F 称为素滤子, 如果以下条件之一成立:

(1) $x \to y \in F$ 或 $y \to x \in F$ 对于所有 $x, y \in A$;

(2) $x \hookrightarrow y \in F$ 或 $y \hookrightarrow x \in F$ 对于所有 $x, y \in A$.

定义 4.51 A 的一个非空子集称为正蕴涵滤子, 若其满足对于所有 $x, y \in A$, 以下条件成立:

(1) $1 \in F$;

(2) 若 $x \odot y \hookrightarrow z \in F$, $x \hookrightarrow y \in F$, 则 $x \hookrightarrow z \in F$;

(3) 若 $y \odot x \to z \in F$, $x \to y \in F$, 则 $x \to z \in F$.

定义 4.52 对于所有 $x, y \in A$, A 的一个滤子被称为

(1) 正规滤子, 如果 $x \to y \in F \Leftrightarrow x \hookrightarrow y \in F$;

(2) 布尔滤子, 如果 $x \vee x^- \in F$ 且 $x \vee x^\sim \in F$;

定义 4.53 设 F 是 A 的一个子集. F 称为 A 的一个子正蕴涵滤子, 如果对于所有 $x, y, z \in A$, 以下条件成立:

(1) $1 \in F$;

(2) $(x \to y) \odot z \hookrightarrow ((y \hookrightarrow x) \to x)$ 和 $z \in F$ 蕴涵 $(x \to y) \hookrightarrow y \in F$;

(3) $z \odot (x \hookrightarrow y) \to ((y \to x) \hookrightarrow x)$, $z \in F$ 蕴涵 $(x \hookrightarrow y) \to y \in F$.

命题 4.32 设 F 是 A 的素滤子. 对于所有 $x, y \in A$, 如果 $x \vee y \in F$, 则 $x \in F$ 或 $y \in F$.

证明 对于所有 $x, y \in A$, 假设 $x \vee y \in F$, 不失一般性, 设 $x \to y \in F$. 因为 $x \vee y \leqslant (x \to y) \hookrightarrow y$, 故 $(x \to y) \hookrightarrow y \in F$, 因此, $y \in F$. 同理, 从 $y \to x \in F$, 可得到 $x \in F$. ∎

定理 4.68 设 F 是剩余格 A 的一个滤子, 对于所有 $x, y \in A$, 以下条件成立:

(1) $(x \to x^-) \hookrightarrow x^-, (x^- \to x) \hookrightarrow x \in F$;

(2) $(x \hookrightarrow x^-) \to x^-, (x^- \hookrightarrow x) \to x \in F$;

(3) $(x \rightarrow x^{\sim}) \hookrightarrow x^{\sim}, (x^{\sim} \rightarrow x) \hookrightarrow x \in F$;

(4) $(x \hookrightarrow x^{\sim}) \rightarrow x^{\sim}, (x^{\sim} \hookrightarrow x) \rightarrow x \in F$;

(5) $(x \rightarrow y) \hookrightarrow y \in F$ 意味着 $(y \hookrightarrow x) \rightarrow x \in F$, $(x \hookrightarrow y) \rightarrow y \in F$ 意味着 $(y \rightarrow x) \hookrightarrow x \in F$;

(6) $(x \rightarrow y) \rightarrow y \in F$ 意味着 $(y \hookrightarrow x) \hookrightarrow x \in F$, $(x \hookrightarrow y) \hookrightarrow y \in F$ 意味着 $(y \hookrightarrow x) \rightarrow x \in F$.

证明　$(1), (2), (3), (4)$ 易证.

(5) 假设 $(x \rightarrow y) \hookrightarrow y \in F$.

$$(x \rightarrow y) \hookrightarrow y \leqslant (y \hookrightarrow x) \rightarrow ((x \rightarrow y) \hookrightarrow x) = (x \rightarrow y) \hookrightarrow ((y \hookrightarrow x) \rightarrow x).$$

由

$$x \leqslant (y \hookrightarrow x) \rightarrow x,$$

有

$$x \rightarrow y \geqslant ((y \hookrightarrow x) \rightarrow x) \rightarrow y,$$
$$(x \rightarrow y) \hookrightarrow ((y \hookrightarrow x) \rightarrow x) \leqslant (((y \hookrightarrow x) \rightarrow x) \rightarrow y) \hookrightarrow ((y \hookrightarrow x) \rightarrow x).$$

则得到

$$(x \rightarrow y) \hookrightarrow y \leqslant (((y \hookrightarrow x) \rightarrow x) \rightarrow y) \hookrightarrow ((y \hookrightarrow x) \rightarrow x).$$

那么

$$(((y \hookrightarrow x) \rightarrow x) \rightarrow y) \hookrightarrow ((y \hookrightarrow x) \rightarrow x) \in F.$$

所以得到

$$(y \hookrightarrow x) \rightarrow x \in F.$$

类似地, 我们可证

$$(x \hookrightarrow y) \rightarrow y \in F 意味着 (y \rightarrow x) \hookrightarrow x \in F.$$

(6) 设 $(x \rightarrow y) \rightarrow y \in F$. 则

$$(x \rightarrow y) \rightarrow y \leqslant (y \rightarrow x) \hookrightarrow ((x \rightarrow y) \rightarrow x) = (x \rightarrow y) \rightarrow ((y \rightarrow x) \hookrightarrow x).$$

由

$$x \leqslant (y \rightarrow x) \hookrightarrow x,$$

有

$$x \to y \geqslant ((y \to x) \hookrightarrow x) \to y,$$

$$(x \to y) \to ((y \to x) \hookrightarrow x) \leqslant (((y \to x) \hookrightarrow x) \to y) \to ((y \to x) \hookrightarrow x).$$

所以得到

$$(x \to y) \to y \leqslant (((y \to x) \hookrightarrow x) \to y) \to ((y \to x) \hookrightarrow x).$$

由 (2) 有

$$(((y \to x) \hookrightarrow x) \to y) \to ((y \to x) \hookrightarrow x) \in F.$$

应用 (5) 得到

$$(y \to x) \hookrightarrow x \in F.$$

相应地, 我们可证

$$(x \hookrightarrow y) \hookrightarrow y \in F \text{意味着} (y \hookrightarrow x) \to x \in F.$$ ∎

4.4.3 剩余格的模糊滤子

这一部分, 我们将拓展模糊滤子的概念至剩余格作为工作的拓展. 分别如下: 用剩余格的滤子和模糊滤子研究 BL 代数的方法启发我们, 将上述有关工作推广到比 BL 代数更一般的剩余格, 继而得到了剩余格的一些很好的性质. 我们采用模糊化方法, 研究剩余格的子正蕴涵滤子及其性质和关系.

定义 4.54 令 f 是 A 的一个模糊子集. f 称为 A 的一个模糊滤子, 如果对于所有 $t \in [0,1]$, f_t 为空或为 A 的一个滤子.

我们可以很容易地看到, F 是 A 的一个滤子当且仅当 χ_F 是 A 的一个模糊滤子, 此处 χ_F 是 F 的特征函数.

命题 4.33 令 f 是 A 的一个模糊子集, 则以下条件等价:

(1) f 是 A 的一个模糊滤子;

(2) 对于所有 $x, y \in A$, $f(1) \geqslant f(x)$, $f(y) \geqslant f(x) \wedge f(x \to y)$;

(3) 对于所有 $x, y \in A$, $f(1) \geqslant f(x)$, $f(y) \geqslant f(x) \wedge f(x \hookrightarrow y)$;

(4) 对于所有 $x, y, z \in A$, $x \to (y \to z) = 1$ 或 $x \hookrightarrow (y \hookrightarrow z) = 1$ 蕴涵 $f(z) \geqslant f(x) \wedge f(y)$;

(5) 对于所有 $x, y, z \in A$, $x \odot y \leqslant z$ 或 $y \odot x \leqslant z$ 蕴涵 $f(z) \geqslant f(x) \wedge f(y)$;

(6) 对于所有 $x, y \in A$, f 是保序的, 且 $f(x \odot y) \geqslant f(x) \wedge f(y)$;

(7) 对于所有 $x, y \in A$, f 是保序的, 且 $f(x \odot y) = f(x) \wedge f(y)$.

命题 4.34   令 f 是 A 的一个模糊滤子, 则对于所有 $x, y \in A$,

(1) $f(x) = f(x \odot x) = f(x \odot x \odot \cdots \odot x)$;

(2) $f(x \odot y) = f(y \odot x)$;

(3) $f(x \wedge y) = f(x) \wedge f(y)$;

(4) $f_i \ (i \in \tau)$ 是 A 的模糊滤子, 则 $\bigwedge\limits_{i \in \tau} f_i$ 是 A 的模糊滤子.

在这一部分, 我们引入剩余格的模糊滤子, 并讨论其重要性质, 定义剩余格的模糊素滤子、模糊布尔滤子、模糊正规滤子、模糊超滤子和模糊固执滤子, 研究了相应模糊滤子的性质. 我们在剩余格中建立模糊素滤子定理. 通过讨论几类模糊滤子之间的关系, 特别是模糊布尔滤子和模糊正规滤子的关系, 在剩余格中解决公开问题.

在本章中, 我们用 A 代表一个剩余格.

定义 4.55   设 f 是 A 中的一个模糊子集. f 称为模糊滤子, 对于所有 $t \in [0, 1]$, f_t 为空或为 A 的一个滤子.

易知 F 是 A 的一个滤子当且仅当 χ_F 是 A 的一个模糊滤子.

类似于伪 BL 代数的模糊滤子, 我们可以得到如下的相似结果.

命题 4.35   设 f 是 A 的一个模糊子集, 则以下条件等价:

(1) f 是 A 的模糊滤子;

(2) $f(1) \geqslant f(x)$, $f(y) \geqslant f(x) \wedge f(x \to y)$ 对于所有 $x, y \in A$;

(3) $f(1) \geqslant f(x)$, $f(y) \geqslant f(x) \wedge f(x \hookrightarrow y)$ 对于所有 $x, y \in A$.

命题 4.36   设 f 是 A 的一个模糊子集. f 是 A 的模糊滤子当且仅当对于所有 $x, y, z \in A, x \to (y \to z) = 1$ 或 $x \hookrightarrow (y \hookrightarrow z) = 1$ 意味着 $f(z) \geqslant f(x) \wedge f(y)$.

推论 4.32   设 f 是 A 的一个模糊子集. f 是 A 的模糊滤子当且仅当对于所有 $x, y, z \in A, x \odot y \leqslant z$ 或 $y \odot x \leqslant z$ 意味着 $f(z) \geqslant f(x) \wedge f(y)$.

命题 4.37   设 f 是 A 的一个模糊子集. f 是 A 的模糊滤子当且仅当

(1) f 是保序的;

(2) $f(x \odot y) \geqslant f(x) \wedge f(y)$ 对于所有 $x, y \in A$.

推论 4.33   设 f 是 A 的一个保序的模糊子集. f 是一个模糊滤子当且仅当 $f(x \odot y) = f(x) \wedge f(y)$ 对于所有 $x, y \in A$.

推论 4.34   设 f 是 A 的一个滤子, 则对于所有 $x \in A$, $f(x) = f(x \odot x) = f(x \odot x \odot \cdots \odot x)$.

推论 4.35   设 f 是 A 的一个滤子, 则对于所有 $x, y \in A$, $f(x \odot y) = f(y \odot x)$.

推论 4.36   设 f 是 A 的一个滤子, 则对于所有 $x, y \in A$, $f(x \wedge y) = f(x) \wedge f(y)$.

引理 4.5　设 f 是 A 的一个滤子. 对于所有 $x,y \in A$, 若 $f(x \to y) = f(1)$ 或 $f(x \hookrightarrow y) = f(1)$, 则 $f(x) \leqslant f(y)$.

命题 4.38　设 $f_i\,(i=1,2)$ 是 A 的模糊滤子, 则 $f_1 \wedge f_2$ 是 A 的模糊滤子.

推论 4.37　设 $f_i(i \in \tau)$ 是 A 的模糊滤子, 则 $\bigwedge_{i \in \tau} f_i$ 是 A 的模糊滤子.

定义 4.56　设 f 是 A 的非常数模糊滤子. f 称为 A 的一个模糊素滤子, 如果对于任意 $t \in [0,1]$, $f_t = \varnothing$ 或 f_t 是 A 的一个素滤子.

命题 4.39　设 f 是 A 的非常数模糊滤子. f 是模糊素滤子当且仅当 $f(x \vee y) \leqslant f(x) \vee f(y)$ 对于所有 $x,y \in A$.

推论 4.38　设 f 是 A 的一个非常数模糊滤子. f 是模糊素滤子当且仅当 $f(x \vee y) = f(x) \vee f(y)$ 对于所有 $x,y \in A$.

定理 4.69　设 f 是 A 的一个非常数模糊滤子. f 是模糊素滤子当且仅当 $f_{f(1)}$ 是 A 的素滤子.

推论 4.39　一个非空子集 F 是 A 的素滤子当且仅当 χ_F 是 A 的模糊素滤子.

定理 4.70　设 f 是 A 的一个非常数模糊滤子, 则以下条件等价:

(1) f 是 A 的一个模糊素滤子;

(2) $f(x \to y) = f(1)$ 或 $f(y \to x) = f(1)$ 对于所有 $x,y \in A$;

(3) $f(x \hookrightarrow y) = f(1)$ 或 $f(y \hookrightarrow x) = f(1)$ 对于所有 $x,y \in A$.

命题 4.40　设 f 是 A 的模糊素滤子, 且 $\alpha \in [0, f(1))$, 则 $f \vee \alpha$ 也是 A 的模糊素滤子, 其中 $(f \vee \alpha)(x) = f(x) \vee \alpha$ 对于所有 $x \in A$.

定义 4.57　A 的一个模糊滤子 f 称为 A 的一个模糊超滤子, 如果对于所有 $x \in A$ 满足以下条件:

(1) $f(x) = f(1)$; 或

(2) $f(x^-) \wedge f(x^\sim) = f(1)$.

定理 4.71　设 f 是 A 的一个模糊滤子. f 是模糊超滤子当且仅当对于任意 $t \in [0,1]$, f_t 为空或为超滤子.

定理 4.72　设 f 是 A 的一个模糊子集. f 是模糊超滤子当且仅当 $f_{f(1)}$ 是超滤子.

推论 4.40　A 的一个非空子集 F 是 A 的超滤子当且仅当 χ_F 是 A 的模糊超滤子.

定义 4.58　A 的一个模糊滤子称为 A 的一个模糊固执滤子, 若其满足以下条件: 对于所有 $x,y \in A$, $f(x) \neq f(1)$, $f(y) \neq f(1)$ 意味着 $f(x \to y) = f(1)$, $f(x \hookrightarrow y) = f(1)$.

定理 4.73　设 f 是 A 的一个模糊滤子. f 是模糊固执滤子当且仅当对于任意 $t \in [0,1]$, f_t 为空或为固执滤子.

定理 4.74　设 f 是 A 的一个模糊滤子. f 是一个模糊固执滤子当且仅当 $f_{f(1)}$ 是 A 的一个固执滤子.

推论 4.41　A 的一个非空子集 F 是 A 的模糊固执滤子当且仅当 χ_F 是 A 的固执滤子.

定理 4.75　设 f 和 g 是 A 的两个模糊滤子, 且满足 $f \leqslant g, f(1) = g(1)$. 如果 f 是 A 的一个模糊素 (布尔、超、固执) 滤子, 则 g 也是.

定理 4.76　设 f 是 A 的一个非常数模糊滤子, 则以下条件等价:

(1) f 是 A 的模糊超滤子;

(2) f 是 A 的模糊素和模糊布尔滤子;

(3) f 是 A 的模糊固执滤子.

4.4.4　剩余格的模糊子正蕴涵滤子

在这一部分, 我们引入和研究剩余格的模糊子正蕴涵滤子, 进一步刻画剩余格的模糊子正蕴涵滤子, 并且证明模糊布尔滤子和模糊子正蕴涵滤子之间的相互关系, 为进一步研究非交换剩余格打好基础.

定义 4.59　令 f 是 A 的一个模糊滤子. f 称为 A 的一个模糊布尔滤子, 如果对于任意的 $x \in A$, 有

$$f(x \vee x^-) = f(1), \quad f(x \vee x^\sim) = f(1).$$

命题 4.41　令 f 是 A 的一个模糊滤子, 则以下条件等价:

(1) f 为 A 的一个模糊布尔滤子;

(2) $f(x \rightarrow y) = f(x \rightarrow (y^- \hookrightarrow y)), f(x \hookrightarrow y) = f(x \hookrightarrow (y^\sim \rightarrow y))$ 对于任意的 $x, y \in A$;

(3) $f(x) = f((x \rightarrow y) \hookrightarrow x), f(x) = f((x \hookrightarrow y) \rightarrow x)$ 对于任意的 $x, y \in A$.

定义 4.60　A 的一个模糊子集 f 称为模糊子正蕴涵滤子, 如果对于所有的 $x, y, z \in A$, 以下条件成立:

(1) $f(1) \geqslant f(x)$;

(2) $f((x \rightarrow y) \hookrightarrow y) \geqslant f(((x \rightarrow y) \odot z) \hookrightarrow ((y \hookrightarrow x) \rightarrow x)) \wedge f(z)$;

(3) $f((x \hookrightarrow y) \rightarrow y) \geqslant f((z \odot (x \hookrightarrow y)) \rightarrow ((y \rightarrow x) \hookrightarrow x)) \wedge f(z)$.

命题 4.42　设 f 是 A 的一个模糊滤子, 则 f 是 A 的一个模糊子正蕴涵滤子当且仅当对任意 $t \in [0,1]$, f_t 为空或者为 A 的一个子正蕴涵滤子.

命题 4.43 设 f 是 A 的一个模糊滤子, 则 f 是 A 的一个模糊子正蕴涵滤子当且仅当 $f_{f(1)}$ 是 A 的一个子正蕴涵滤子.

推论 4.42 设 F 是 A 的一个非空集, 则 F 是 A 的一个子正蕴涵滤子当且仅当 χ_F 是 A 的一个模糊子正蕴涵滤子.

命题 4.44 设 f 是 A 的一个模糊滤子, 则以下条件等价:

(1) f 是 A 的一个模糊子正蕴涵滤子;

(2) $f((x \to y) \hookrightarrow y) = f((x \to y) \to ((y \hookrightarrow x) \to x))$ 对任意 $x, y \in A$;

(3) $f((x \to y) \to y) = f((x \to y) \to ((y \to x) \hookrightarrow x))$ 对任意 $x, y \in A$.

证明 (1) $\Rightarrow$ (2). 令 f 是 A 的一个模糊子正蕴涵滤子, 而且 $f((x \to y) \to ((y \hookrightarrow x) \to x)) = t$, 则 $(x \to y) \to ((y \hookrightarrow x) \to x) \in f_t$. 又 $1 \in f_t$, $((x \to y) \odot 1) \hookrightarrow ((y \hookrightarrow x) \to x) \in f_t$, 因此 $(x \to y) \hookrightarrow y \in f_t$, 即 $f((x \to y) \hookrightarrow y) \geqslant t = f((x \to y) \to ((y \hookrightarrow x) \to x))$. 反向不等式易证, 因为 f 保序, $(x \to y) \hookrightarrow y \leqslant (x \to y) \to ((y \hookrightarrow x) \to x)$.

(1) $\Rightarrow$ (3). 证明类似于 (1) $\Rightarrow$ (2).

(2) $\Rightarrow$ (1). 令 $f(((x \to y) \odot z) \hookrightarrow ((y \hookrightarrow x) \to x)) \wedge f(z) = t$ 对所有的 x, $y, z \in A$, 则 $((x \to y) \odot z) \hookrightarrow ((y \hookrightarrow x) \to x), z \in f_t$. 因为 f_t 是一个滤子, 所以有 $(x \to y) \hookrightarrow ((y \hookrightarrow x) \to x) \in f_t$, 则 $(x \to y) \hookrightarrow y \in f_t$, 即 $f((x \to y) \hookrightarrow y) \geqslant f(((x \to y) \odot z) \hookrightarrow ((y \hookrightarrow x) \to x)) \wedge f(z)$. 所以 f 是一个模糊子正蕴涵滤子.

(3) $\Rightarrow$ (1). 类似于 (2) $\Rightarrow$ (1). ∎

命题 4.45 每个 A 的模糊子正蕴涵滤子是一个模糊滤子.

证明 令 $f(x \hookrightarrow y) \wedge f(x) = t$ 对于所有 $x, y \in A$, 则 $x \hookrightarrow y, x \in f_t$. 因此 $((y \to y) \odot x) \hookrightarrow ((y \hookrightarrow y) \to y) = x \hookrightarrow y \in f_t$, 由此可知, $y = (y \to y) \hookrightarrow y \in f_t$. 因此可得 $f(y) \geqslant f(x \hookrightarrow y) \wedge f(x)$, 即证得 f 是一个模糊滤子. ∎

命题 4.46 设 f 是剩余格 A 的一个模糊滤子. 下面的条件是等价的:

(1) f 是一个模糊子正蕴涵滤子;

(2) $f(y) \geqslant f((y \to z) \hookrightarrow (x \to y)) \wedge f(x)$ 对任意 $x, y, z \in A$;

(3) $f(y) \geqslant f((y \hookrightarrow z) \to (x \hookrightarrow y)) \wedge f(x)$ 对任意 $x, y, z \in A$.

证明 (1) $\Rightarrow$ (2). 令 f 是 A 的一个模糊子正蕴涵滤子, 且 $f((y \to z) \hookrightarrow (x \to y)) \wedge f(x) = t$, 即有 $(y \to z) \hookrightarrow (x \to y) = x \to ((y \to z) \hookrightarrow y), x \in f_t$, 则 $(x \to y) \hookrightarrow y \in f_t$. 根据 $z \leqslant y \to z$, $(x \to z) \hookrightarrow y \leqslant z \hookrightarrow y \in f_t$, 可得 $z \hookrightarrow y \in f_t$. 同时有 $(y \to z) \hookrightarrow y \leqslant (y \to z) \hookrightarrow ((z \hookrightarrow y) \to y) \in f_t$. 因为 f 是 A 的一个模糊子正蕴涵模糊滤子, 因此 $(y \to z) \hookrightarrow z \in f_t$. 根据 $(y \to z) \hookrightarrow z \leqslant (z \hookrightarrow y) \to ((y \to z) \hookrightarrow y)$,

有 $(z \hookrightarrow y) \to ((y \to z) \hookrightarrow y) \in f_t$. 可得 $(z \hookrightarrow y) \to y \in f_t$, 因为 $z \hookrightarrow y \in f_t$, 则 $y \in f_t$, 即 $f(y) \geqslant f((y \to z) \hookrightarrow (x \to y)) \wedge f(x)$.

(1) $\Rightarrow$ (3). 类似于 (1) $\Rightarrow$ (2).

(2) $\Rightarrow$ (1). 令 $f((x \to y) \hookrightarrow ((y \hookrightarrow x) \to x)) = t$ 对所有 $x, y \in A$, 则 $(x \to y) \hookrightarrow ((y \hookrightarrow x) \to x) \in f_t$. 因为 $(((x \hookrightarrow y) \hookrightarrow y) \to 1) \hookrightarrow (((x \to y) \hookrightarrow ((y \hookrightarrow x) \to x)) \to ((x \to y) \hookrightarrow y)) = ((x \to y) \hookrightarrow ((y \hookrightarrow x) \to x)) \to (((x \to y) \hookrightarrow y) \hookrightarrow ((x \to y) \hookrightarrow y)) = (x \to y) \hookrightarrow ((y \hookrightarrow x) \to x) \in f_t$, 有 $(x \hookrightarrow y) \hookrightarrow y \in f_t$. 因此, f 是一个模糊子正蕴涵滤子.

(3) $\Rightarrow$ (1). 类似于 (2) $\Rightarrow$ (1). ■

推论 4.43　令 f 是剩余格 A 的一个模糊滤子, 则下面的条件是等价的:

(1) f 是一个模糊子正蕴涵滤子;

(2) $f((y \hookrightarrow x) \to x) \geqslant f((x \to y) \hookrightarrow ((y \hookrightarrow x) \to x))$ 对任意 $x, y \in A$;

(3) $f((y \to x) \hookrightarrow x) \geqslant f((x \hookrightarrow y) \to ((y \hookrightarrow x) \to x))$ 对任意 $x, y \in A$.

命题 4.47　设 f 是一个剩余格 A 的一个模糊滤子, 则下面的条件是等价的:

(1) f 是一个模糊子正蕴涵滤子;

(2) $f((x \to y) \hookrightarrow x) = f(x)$ 对任意 $x, y \in A$;

(3) $f((x \hookrightarrow y) \to x) = f(x)$ 对任意 $x, y \in A$.

证明　(1) $\Rightarrow$ (2). 设 f 是 A 的一个模糊子正蕴涵滤子, 且 $f((x \to y) \hookrightarrow x) = t$, 则 $(x \to y) \hookrightarrow x \in f_t$. 已知 $1 \in f_t$, $(x \to y) \hookrightarrow (1 \to x) = (x \to y) \hookrightarrow x \in f_t$, 我们可得 $x \in f_t$, 即 $f(x) \geqslant t = f((x \to y) \hookrightarrow x)$. 反向不等式是显而易见的, 因为 f 保序而且 $x \leqslant (x \to y) \hookrightarrow x$.

(1) $\Rightarrow$ (3). 类似于 (1) $\Rightarrow$ (2).

(2) $\Rightarrow$ (1). 令 $f((y \to z) \hookrightarrow (x \to y)) \wedge f(x) = t$ 对于所有 $x, y, z \in A$, 有 $(y \to z) \hookrightarrow (x \to y), x \in f_t$. 因为 $(y \to z) \hookrightarrow (x \to y) = x \to ((y \to z) \hookrightarrow y), x \in f_t$, 而且 f_t 是一个滤子, 因此 $(y \to z) \hookrightarrow y \in f_t$, 则 $f((y \to z) \hookrightarrow y) = f(y) \geqslant t = f((y \to z) \hookrightarrow (x \to y)) \wedge f(x)$, 即证得 f 是一个模糊子正蕴涵滤子.

(3) $\Rightarrow$ (1). 类似 (2) $\Rightarrow$ (1). ■

推论 4.44　令 f 是剩余格 A 的一个模糊滤子, 下面的条件是等价的:

(1) f 是一个模糊子正蕴涵滤子;

(2) $f(x^- \hookrightarrow x) = f(x)$ 对任意 $x, y \in A$;

(3) $f(x^\sim \to x) = f(x)$ 对任意 $x, y \in A$.

命题 4.48 设 f, g 都是 A 的模糊滤子, 满足条件: $f \leqslant g, f(1) = g(1)$. 如果 f 是一个模糊子正蕴涵滤子, 则 g 也是.

证明 设 $f((x \to y) \hookrightarrow x) = t$ 对所有 $x, y \in A$, 然后令

$$z = (x \to y) \hookrightarrow x, \quad z \to z = 1 \in f_t.$$

由

$$z \to ((x \to y) \hookrightarrow x) = (x \to y) \hookrightarrow (z \to x) = 1 \in f_t,$$

可得

$$(x \to y) \hookrightarrow (z \to x) \leqslant ((z \to x) \to y) \hookrightarrow (z \to x) \in f_t.$$

由 f_t 是 A 的一个子正蕴涵滤子, 可得

$$g(1) = f(1) \leqslant f(z \to x) \leqslant g(z \to x).$$

于是

$$z \to x \in g_t,$$

$x \in g_t$ 因为 $z \in g_t$, 即证得 g 是模糊子正蕴涵滤子.

推论 4.45 剩余格 A 的所有模糊滤子 f 都是模糊子正蕴涵模糊滤子, 当且仅当 f 的特征函数 χ_A 是一个模糊子正蕴涵滤子.

推论 4.46 一个不可换剩余格 A 的每个模糊子正蕴涵滤子 f 都等价于一个模糊布尔滤子.

推论 4.47 一个不可换剩余格 A 的每个模糊子正蕴涵滤子 f 都是一个模糊正蕴涵滤子.

推论 4.48 模糊正蕴涵滤子 f 是模糊子正蕴涵滤子当且仅当对于所有 $x \in A, f(x^{-\sim}) = f(x)$.

证明 必要性显然[9]. 以下证明充分性. 若 f 是 A 的一个模糊正蕴涵滤子,

$$f(x^- \hookrightarrow x) \leqslant f(x^- \hookrightarrow x^{-\sim}) = f(x^- \hookrightarrow (x^- \hookrightarrow 0)) = f(x^- \hookrightarrow 0) = f(x^{-\sim}) = f(x).$$

则 f 是模糊子正蕴涵滤子.

推论 4.49 模糊滤子 f 是模糊子正蕴涵滤子当且仅当模糊子正蕴涵滤子 f 的商集 A/f 是布尔代数.

定义 4.61 令 f 是 A 的一个模糊子集. f 称为 A 的一个模糊正蕴涵滤子, 若其对于所有的 $x, y, z \in A$, 以下条件成立:

(1) $f(1) \geqslant f(x)$;

(2) $f(x \hookrightarrow z) \geqslant f(x \odot y \hookrightarrow z) \wedge f(x \hookrightarrow y)$;

(3) $f(x \to z) \geqslant f(y \odot x \to z) \wedge f(x \to y)$.

命题 4.49   令 f 是 A 的一个模糊滤子, 则以下条件等价:

(1) f 是 A 的一个模糊正蕴涵滤子;

(2) $f(y \to x) = f(y \to (y \to x))$, $f(y \hookrightarrow x) = f(y \hookrightarrow (y \hookrightarrow x))$ 对于任意 $x, y \in A$;

(3) $f(y \to x) \geqslant f(z \to (y \to (y \to x))) \wedge f(z)$, $f(y \hookrightarrow x) \geqslant f(z \hookrightarrow (y \hookrightarrow (y \hookrightarrow x))) \wedge f(z)$ 对于任意的 $x, y, z \in A$;

(4) $f(x \to x \odot x) = f(1)$, $f(x \hookrightarrow x \odot x) = f(1)$ 对于任意的 $x \in A$.

证明   (1) $\Rightarrow$ (2). 令 f 是 A 的一个模糊正蕴涵滤子且 $f(y \to (y \to x)) = t$. 则 $y \to (y \to x) \in f_t$. 又 $y \to y = 1 \in f_t$, 因此 $y \to x \in f_t$, 即 $f(y \to x) \geqslant t = f(y \to (y \to x))$. 反向不等式由模糊滤子都保序可证. 同理可证另一不等式.

(2) $\Rightarrow$ (3). 令 f 是 A 的一个满足条件的模糊滤子, 令 $f(z \to (y \to (y \to x))) \wedge f(z) = t$, 则 $z \to (y \to (y \to x)) \in f_t$, $z \in f_t$. 则 $y \to (y \to x) \in f_t$, 所以 $f(y \to x) = f(y \to (y \to x)) \geqslant t$, 即 $f(y \to x) \geqslant f(z \to (y \to (y \to x))) \wedge f(z)$. 同理可证另一不等式.

(3) $\Rightarrow$ (1). 令 $f(x \to (y \to z)) \wedge f(x \to y) = t$ 对于所有 $x, y, z \in A$, 则 $x \to (y \to z), x \to y \in f_t$. 因为 $x \to (y \to z) = y \to (x \to z) \leqslant (x \to y) \to (x \to (x \to z)) \in f_t$, 所以 $x \to z \in f_t$, 同理可证另一不等式. f 是一个模糊正蕴涵滤子.

(1) $\Rightarrow$ (4). f 是 A 的一个模糊正蕴涵滤子. 因为对于所有 $x \in A$, $f(x \to (x \to x \odot x)) = f(x \odot x \to x \odot x) = f(1)$, $f(x \to x) = f(1)$, 所以 $f(x \to x \odot x) = f(1)$.

(4) $\Rightarrow$ (1). 令模糊滤子 f 满足条件, 且 $f(x \to (y \to z)) \wedge f(x \to y) = t$, 则 $x \to (y \to z) \in f_t$, $x \to y \in f_t$. 又 $(x \to (y \to z)) \odot (x \to y) \odot x \odot x \leqslant (y \to z) \odot y \leqslant z$, 因此 $(x \to (y \to z)) \odot (x \to y) \leqslant x \odot x \to z \leqslant (x \to x \odot x) \to (x \to z) \in f_t$, 所以 $x \to z \in f_t$, 即 $f(x \to z) \geqslant t = f(x \to (y \to z)) \wedge f(x \to y)$, f 是一个模糊正蕴涵滤子. ∎

4.5   格蕴涵代数的模糊滤子

定义 4.62   格蕴涵代数是一个有界格 $(C, \vee, \wedge, 0, 1)$, 其上有一个一元对合运算 $'$ 和一个二元逻辑运算 $\to$ 满足以下条件:

(1) $s \to (t \to h) = t \to (s \to h)$;

(2) $s \to s = 1$;

(3) $s \to t = t' \to s'$;

(4) $s \to t = t \to s = 1 \Rightarrow s = t$;

(5) $(s \to t) \to t = (t \to s) \to s$;

(6) $s \lor t \to h = (s \to h) \land (t \to h)$;

(7) $s \land t \to h = (s \to h) \lor (t \to h)$.

C 上的偏序定义为 $s \leqslant t$ 如果 $s \to t = 1$, C 代表格蕴涵代数.

命题 4.50 C 中以下条件成立:

$$s' = s \to 0.$$

Xu 和 Qin, Jun 分别定义了 C 中的滤子及 (正) 蕴涵滤子的概念 [36,47,96].

定义 4.63 C 的滤子是一个包含 1 的子集满足对于所有 $s,t \in C$, $s \to t \in H, s \in H \Rightarrow t \in H$.

定义 4.64 包含 1 的子集 H 称为蕴涵滤子, 如果它满足 $s \to (t \to h) \in H, s \to t \in H \Rightarrow s \to h \in H$.

引理 4.6 每一个滤子 H 满足 $s \in H, s \leqslant t \Rightarrow t \in H$.

定义 4.65 子集 F 称为正蕴涵滤子, 如果

(1) $1 \in H$;

(2) $s \to ((t \to h) \to t) \in H, s \in H \Rightarrow t \in H$.

引理 4.7 正蕴涵滤子是滤子.

定理 4.77 滤子 H 是正蕴涵滤子只有对于所有 $s,t \in C$, $(s \to t) \to s \in H \Rightarrow s \in H$.

Jun 和 Xu 等分别引入了格蕴涵代数的蕴涵滤子和正蕴涵滤子的概念. 讨论它们之间的本质联系是有意义的.

定理 4.78 正蕴涵滤子 H 是蕴涵滤子.

定理 78 的逆是否依然成立? 这是由 Jun 在文献 [48] 中提出的公开问题. 通过定义相应的模糊滤子, 我们证明了它的逆是成立的, 即解决了公开问题.

定义 4.66 M 称为模糊滤子, 如果

$$M(1) \geqslant M(x), \quad M(t) \geqslant \min\{M(s), M(s \to t)\}.$$

引理 4.8 模糊蕴涵滤子 M 满足 $M(s \to (s \to t)) = M(s \to t)$.

证明　在定义中令 $t = s$ 和 $h = t$, 由模糊滤子的保序性可知.　■

定义 4.67　模糊子集 M 称为模糊正蕴涵滤子, 若

(1) $M(1) \geqslant M(s)$;

(2) $M(t) \geqslant \min\{M(s \to ((t \to h) \to t)), M(s)\}$.

命题 4.51　模糊滤子 H 是模糊正蕴涵滤子仅当

$$M((s \to t) \to s) = M(s).$$

引理 4.9　蕴涵滤子 H 满足 $s \to (s \to t) \in H$ 蕴涵 $s \to t \in H$.

证明　在定义中令 $t = s$ 和 $h = t$, 即得结论.　■

定理 4.79　模糊蕴涵滤子 H 是模糊正蕴涵滤子.

证明　M 是模糊蕴涵滤子. 因为 $0 \leqslant t$, 因此 $s' \leqslant s \to t$, 得到

$$(s \to t) \to s \leqslant s' \to s.$$

由滤子的保序性知

$$M((s \to t) \to s) \leqslant M(s' \to s).$$

又由引理 4.8

$$M(s' \to s) = M(s' \to s'') = M(s' \to (s' \to 0)) = M(s' \to 0) = M(s'') = M(s).$$

另外,

$$M((s \to t) \to s) \geqslant M(s).$$

因此 $M((s \to t) \to s) = M(s)$, M 是 C 的模糊正蕴涵滤子.　■

通过这个模糊化的结果, 我们可以得到相应的非模糊化的结果.

定理 4.80　蕴涵滤子 H 是正蕴涵滤子.

证明　设 H 是蕴涵滤子, 且 $(s \to t) \to s \in H$. 因为 $0 \leqslant t$, 所以

$$s' \leqslant s \to t,$$

因此得到

$$(s \to t) \to s \leqslant s' \to s.$$

由引理 4.9 知

$$s' \to s \in H.$$

另外,

$$s' \to s = s' \to s'' = s' \to (s' \to 0) \in H,$$

因此

$$s' \to 0 = s'' = s \in H,$$

即 H 是 C 的正蕴涵滤子. ∎

第5章

逻辑代数中模糊滤子相关的衍生子结构

在这一章里, 我们以前几章为基础, 分别讨论与逻辑代数中模糊滤子相关的衍生结构及与逻辑代数中一般滤子相关的衍生结构, 相关的文献请参阅 [38, 108-132].

5.1   与模糊相关的滤子结构

5.1.1   直觉模糊滤子

自从 Krassimir T. Atanassov 在 1984 年引入直觉模糊集的概念以来, 直觉模糊集在高阶模糊集的模糊程度分析等众多方面中得到了广泛的应用. 结合滤子和直觉模糊集这两个研究逻辑代数结构的有力工具, 滤子的研究变得更为宽泛.

以荷兰数学家 Arend Heyting 命名的 Heyting 代数是一个在直觉模糊逻辑中起着关键作用的代数结构, 所起的作用堪比布尔代数在经典逻辑中所起的作用. 作为格论和逻辑学中一类重要的代数模型, 其结构具有重要的研究意义. 许多文献对 Heyting 代数进行了深入研究. 已有研究成果表明, 滤子在 Heyting 代数中扮演着重要角色.

以下以研究 Heyting 代数中的直觉模糊滤子的性质为例, 给出 Heyting 代数上的一个直觉模糊集成为直觉模糊滤子的一些等价刻画, 从而说明通过直觉模糊滤子来刻画相应的代数结构也是十分有益的工作.

定义 5.1   设 H 是一个格, 若存在二元运算 $\rightarrow: H \times H \rightarrow H$, 使得对于任意 $a, b, c \in H$, 都有

$$c \leqslant a \rightarrow b \Leftrightarrow c \wedge a \leqslant b,$$

则称 H 是一个 Heyting 代数.

每一个 Heyting 代数都是有最大元 1 的分配格. 以下用 H 代表一个 Heyting 代数.

定义 5.2 设 H 是 Heyting 代数, F 是 H 的非空子集. 如果 F 满足以下条件:

(1) $1 \in F$;

(2) $\forall x, y \in F, x \in F, x \rightarrow y \in F \Rightarrow y \in F$.

则称 F 是 Heyting 代数的滤子.

定义 5.3 论域 X 上的一直觉模糊集 (IFS) A 定义为

$$A = \{(x, \mu_A(x), v_A(x)) | x \in X\},$$

其中, $\mu_A(x) : X \rightarrow [0,1], v_A(x) : X \rightarrow [0,1]$, 且满足

$$\forall x \in X, 0 \leqslant \mu_A(x) + v_A(x) \leqslant 1.$$

定义 5.4 令 A 是 X 上的一直觉模糊集, 若满足

(1) $\forall x \in H, \mu_A(1) \geqslant \mu_A(x), v_A(1) \leqslant v_A(x)$;

(2) $\forall x, y \in H, \mu_A(y) \geqslant \min\{\mu_A(x \rightarrow y), \mu_A(x)\}$;

(3) $\forall x, y \in H, v_A(y) \leqslant \max\{v_A(x \rightarrow y), v_A(x)\}$.

则称 $A = \{(x, \mu_A(x), v_A(x)) | x \in X\}$ 为 H 上的一直觉模糊滤子, 有时简称直觉模糊集 A 为直觉模糊滤子.

定理 5.1 对任意 H 上的直觉模糊滤子 A, 若 $x \leqslant y$, 则

$$\mu_A(y) \geqslant \mu_A(x), \quad v_A(y) \leqslant v_A(x).$$

证明 在 H 中, 若 $x \leqslant y$, 则 $x \rightarrow y = 1$. 由 H 是直觉模糊滤子可得

(1) $\mu_A(y) \geqslant \min\{\mu_A(x \rightarrow y), \mu_A(x)\} = \min\{\mu_A(1), \mu_A(x)\} = \mu_A(x)$;

(2) $v_A(y) \leqslant \max\{v_A(x \rightarrow y), v_A(x)\} = \max\{v_A(1), v_A(x)\} = v_A(x)$.

结论成立. ∎

推论 5.1 令直觉模糊集 $A = \{(x, \mu_A(x), v_A(x)) | x \in H\}$ 是 H 上的直觉模糊滤子, 若 $x, y, z \in H$, 且满足 $x \leqslant y \rightarrow z$, 则

(1) $\mu_A(y) \geqslant \min\{\mu_A(x), \mu_A(z)\}$;

(2) $v_A(y) \leqslant \max\{v_A(x), v_A(z)\}$.

定义 5.5　若直觉模糊集 $A = \{(x, \mu_A(x), v_A(x)) | x \in H\}$ 满足

$$\mu_A(x \wedge y) = \min\{\mu_A(x), \mu_A(y)\}$$

且

$$v_A(x \wedge y) = \max\{v_A(x), v_A(y)\},$$

则称 A 是 H 上的直觉模糊格滤子.

我们发现, 格蕴涵代数上的任一直觉模糊滤子是直觉模糊格滤子, 但直觉模糊格滤子不一定是直觉模糊滤子, 而在 Heyting 代数中, 两者是等价的. 以下我们给出相应证明.

定理 5.2　H 上的任意直觉模糊滤子是直觉模糊格滤子.

证明　(1) 由 $x \wedge y \leqslant x, x \wedge y \leqslant y$ 可知,

$$\mu_A(x \wedge y) \leqslant \min\{\mu_A(x), \mu_A(y)\}.$$

另外,

$$
\begin{aligned}
\mu_A(x \wedge y) &\geqslant \min\{\mu_A(x \to (x \wedge y)), \mu_A(x)\} \\
&= \min\{\mu_A((x \to x) \wedge (x \to y)), \mu_A(x)\} \\
&= \min\{\mu_A(1 \wedge (x \to y)), \mu_A(x)\} \\
&= \min\{\mu_A(x \to y), \mu_A(x)\},
\end{aligned}
$$

而

$$y \wedge (x \to y) = y \Rightarrow y \leqslant x \to y \Rightarrow \mu_A(y) \leqslant \mu_A(x \to y),$$

所以

$$\mu_A(x \wedge y) \geqslant \min\{\mu_A(x), \mu_A(y)\},$$

即

$$\mu_A(x \wedge y) = \min\{\mu_A(x), \mu_A(y)\}.$$

(2) 同理 $v_A(x \wedge y) \geqslant \max\{v_A(x), v_A(y)\}$, 又

$$v_A(y) \geqslant v_A(x \to y),$$

$$v_A(x \wedge y) \leqslant \max\{v_A(x \to (x \wedge y)), v_A(x)\} \leqslant \max\{v_A(y), v_A(x)\},$$

有

$$v_A(x \wedge y) = \max\{v_A(x), v_A(y)\}.$$

故直觉模糊滤子 A 是 H 上的直觉模糊格滤子. ∎

定理 5.3 H 上的直觉模糊格滤子是直觉模糊滤子.

证明 (1) 由 $A = \{(x, \mu_A(x), v_A(x)) | x \in H\}$ 是 H 上的直觉模糊格滤子可知, $\forall x \in H$,

$$\mu_A(x) = \mu_A(x \wedge 1) = \min\{\mu_A(x), \mu_A(1)\},$$
$$v_A(x) = v_A(x \wedge 1) = \max\{v_A(x), v_A(1)\},$$

即

$$\mu_A(x) \leqslant \mu_A(1), \quad v_A(x) \geqslant v_A(1).$$

(2) $\forall x, y \in H, x \leqslant y$,

$$\mu_A(y) \geqslant \min\{\mu_A(x), \mu_A(y)\} = \mu_A(x \wedge y)$$
$$= \mu_A(x \wedge (x \to y)) = \min\{\mu_A(x \to y), \mu_A(x)\},$$
$$v_A(y) \leqslant v_A(x \wedge y) = v_A(x \wedge (x \to y))$$
$$= \max\{v_A(x \to y), v_A(x)\}.$$

故 A 是 H 上的直觉模糊滤子.

下面研究 Heyting 代数的直觉模糊滤子的等价条件.

定义 5.6 令 μ 是 H 上的模糊子集, 若 μ 满足

(1) $\mu(x) \leqslant \mu(1)$;

(2) $\forall x, y \in H, \mu(y) \geqslant \min\{\mu(x \to y), \mu(x)\}$.

则称模糊子集 μ 是 H 上的模糊滤子.

定理 5.4 $A = \{(x, \mu_A(x), v_A(x)) | x \in H\}$ 是 H 上的直觉模糊滤子当且仅当 H 上的模糊子集 μ_A 和 $\bar{v}_A = 1 - v_A$ 是 H 的模糊滤子.

证明 (1) 令 A 是 H 上的直觉模糊滤子, 由定义知, 模糊子集 μ_A 是 H 上的模糊滤子. 对于模糊子集 $\bar{v}_A = 1 - v_A, \forall x, y \in H, \bar{v}_A(1) = 1 - v_A(1) \geqslant 1 - v_A(x) = \bar{v}_A(x)$. $\bar{v}_A(y) = 1 - v_A(y) \geqslant 1 - \max\{v_A(x \to y), v_A(x)\} = \min\{1 - v_A(x \to y), 1 - v_A(x)\} = \min\{\bar{v}_A(x \to y), \bar{v}_A(x)\}$, 即模糊子集 $\bar{v}_A$ 是 H 的模糊滤子.

(2) 若 μ_A 和 $\bar{v}_A$ 是 H 的模糊滤子, 则 $A = \{(x, \mu_A(x), v_A(x)) | x \in H\}$ 是 H 上的直觉模糊集, 且由

(a) $\forall x \in H, \mu(x) \leqslant \mu(1)$ 且由 $\bar{v}_A(1) \geqslant v_A(x) \Rightarrow v_A(x) \geqslant v_A(1)$;

(b) $\forall x, y \in H, \mu_A(y) \geqslant \min\{\mu_A(x \to y), \mu_A(x)\}$;

(c) $\forall x, y \in H, \bar{v}_A(y) \geqslant \min\{\bar{v}_A(x \to y), \bar{v}_A(x)\}$.

可得 $1 - v_A(y) \geqslant \min\{1 - v_A(x \to y), 1 - v_A(x)\} = 1 - \max\{v_A(x \to y), v_A(x)\}$, 亦即直觉模糊集 A 是 H 上的直觉模糊滤子. ■

推论 5.2　$A = \{(x, \mu_A(x), v_A(x))|x \in H\}$ 是 H 上的直觉模糊滤子当且仅当 $\forall t \in [0,1], (\mu_A)_t$ 和 $(\bar{v}_A)_t$ 是 H 的滤子.

定理 5.5　$A = \{(x, \mu_A(x), v_A(x))|x \in H\}$ 是 H 上的直觉模糊滤子当且仅当 $A_1 = \{(x, \mu_A(x), \bar{\mu}_A(x))|x \in H\}$ 和 $A_2 = \{(x, \bar{v}_A(x), v_A(x))|x \in H\}$ 是 H 上的直觉模糊滤子.

证明　(1) 若 $A = \{(x, \mu_A(x), v_A(x))|x \in H\}$ 是 H 上的直觉模糊滤子, 则 $\forall x \in H$,

$$0 \leqslant \mu_A(x) + \bar{\mu}_A(x) = \mu_A(x) + 1 - \mu_A(x) = 1,$$

$$0 \leqslant v_A(x) + \bar{v}_A(x) = v_A(x) + 1 - v_A(x) = 1,$$

即 $A_1 = \{(x, \mu_A(x), \bar{\mu}_A(x))|x \in H\}$ 和 $A_2 = \{(x, \bar{v}_A(x), v_A(x))|x \in H\}$ 是 H 上的直觉模糊集. $\mu_A(1) \geqslant \mu_A(x), \bar{\mu}_A(1) = 1 - \mu_A(1) \leqslant 1 - \mu_A(x) = \bar{\mu}_A(x)$, $\forall x, y \in H$,

$$\mu_A(y) \geqslant \min\{\mu_A(x \to y), \mu_A(x)\},$$
$$\bar{\mu}_A(y) = 1 - \mu_A(y) \leqslant 1 - \min\{\mu_A(x \to y), \mu_A(x)\}$$
$$= \max\{1 - \mu_A(x \to y), \quad 1 - \mu_A(x)\} = \max\{\bar{\mu}_A(x \to y), \bar{\mu}_A(x)\},$$

即 $A_1 = \{x, \mu_A(x), \bar{\mu}_A(x)|x \in H\}$ 是 H 上的直觉模糊滤子.

同理可证, $A_2 = \{(x, \bar{v}_A(x), v_A(x))|x \in H\}$ 是 H 上的直觉模糊滤子.

(2) 若 A_1 和 A_2 是 H 上的直觉模糊滤子, 则由 A_1 得

$$\mu_A(y) \geqslant \min\{\mu_A(x \to y), \mu_A(x)\},$$

由 A_2 得

$$v_A(y) \leqslant \max\{v_A(x \to y), v_A(x)\},$$

即 $A = \{(x, \mu_A(x), v_A(x))|x \in H\}$ 是 H 上的直觉模糊滤子. ■

定理 5.6　设 F 是 H 的滤子, $A = \{(x, \mu_A(x), v_A(x))|x \in H\}$ 是 H 上的直觉模糊集:

$$\mu_A(x) = \begin{cases} \alpha_0, & x \in F, \\ \alpha_1, & x \bar{\in} F. \end{cases}$$

$$v_A(x) = \begin{cases} \beta_0, & x \in F, \\ \beta_1, & x \bar{\in} F. \end{cases}$$

其中 $\alpha_i, \beta_i \in [0,1]$, 使 $\alpha_0 > \alpha_1, \beta_0 < \beta_1$, 且 $\alpha_i + \beta_i \leqslant 1, i = 1, 2$, 则 $A = \{(x, \mu_A(x), v_A(x))|x \in H\}$ 是 H 上的直觉模糊滤子, 且 $U(\mu_A)_{\alpha_0} = \{x|\mu_A(x) \geqslant \alpha_0, x \in H\} = F = L(v_A)_{\beta_0} = \{x|v_A(x) \leqslant \beta_0, x \in H\}$.

证明 (1) $\forall x \in H, 1 \in F, \mu_A(1) = \alpha_0 \leqslant \mu_A(x), v_A(1) = \beta_0 \leqslant v_A(x)$, 设 $x \leqslant y$, 若 $x \in F$, 则 $y \in F$, 即 $\mu_A(x) = \alpha_0 = \mu_A(y)$, 且 $v_A(x) = \beta_0 = v_A(y)$; 若 $x \bar\in F$, 则 $\mu_A(x) = \alpha_1 \leqslant \mu_A(y), v_A(x) = \beta_1 \geqslant v_A(y)$, 即 $\mu_A(x) \leqslant \mu_A(y), v_A(x) \geqslant v_A(y)$.

(2) 易证 $\forall x, y \in H, \mu_A(y) \geqslant \min\{\mu_A(x \to y), \mu_A(x)\}, v_A(y) \leqslant \max\{v_A(x \to y), v_A(x)\}$. 即 $\{(x, \mu_A(x), v_A(x))|x \in H\}$ 是 H 上的直觉模糊滤子, 显然, $U(\mu_A)_{\alpha_0} = \{x|\mu_A(x) \geqslant \alpha_0, x \in H\} = F = L(v_A)_{\beta_0} = \{x|v_A(x) \leqslant \beta_0, x \in H\}$. ■

推论 5.3 F 是滤子当且仅当直觉模糊集 $A = \{(x, \chi_F, \bar\chi_F)|x \in H\}$ 是 H 上的直觉模糊滤子.

5.1.2 广义模糊理想

每个代数结构一般都可以引入相应的模糊结构, 利用模糊拓扑中模糊点重于和属于模糊集概念研究模糊代数结构也是研究逻辑代数的有效方法. 由 Bahakat 和 Das 引入的 $(\in, \in \vee q)$ 模糊子群对于研究模糊群发挥着重要的作用, 使得模糊代数的研究进入了新的阶段. 同样, 我们在以前相关工作的基础上, 这里通过以在 BE 代数中引入和研究 $(\bar\in, \bar\in \vee \bar q)$ 模糊理想为例, 介绍研究模糊代数结构的广义模糊理想的研究内容和方法, 其结果和方法稍作修改可用于工程、计算机科学、人工智能和其他模糊代数结构等的研究, 所得结果将丰富模糊代数结构的研究内容和方法.

定义 5.7 系统 $(X, *, 1)$ 叫作 BE 代数, 如果它满足条件:

(1) $x * x = 1$;

(2) $1 * x = x$;

(3) $x * 1 = 1$;

(4) $x * (y * z) = y * (x * z)$.

命题 5.1 如果 $(X, *, 1)$ 是 BE 代数, 则对任意 $x, y \in X$ 有

(1) $x * (y * x) = l$;

(2) $x * [(x * y) * y] = 1$.

我们用 X 表示 BE 代数. 同样, 在 BE 代数中, 能够引入二元关系 "$\leqslant$", $x \leqslant y$, 当且仅当 $x * y = 1$.

定义 5.8 X 的非空子集 I 叫作 X 的理想, 如果它满足: 对任意 $x, a, b \in X$,

(1) $a \in I$, 蕴涵 $x * a \in I$;

(2) $a, b \in I$, 蕴涵 $(a * (b * x)) * x \in I$.

定义 5.9　X 的模糊集 μ 叫作 X 的模糊理想, 如果它满足: 对任意 $x, y, z \in X$,

(1) $\mu(x * y) \geqslant \mu(y)$;

(2) $\mu((x * (y * z)) * z) \geqslant \mu(x) \wedge \mu(y)$.

非空集 X 的下形模糊子集 $\mu : \mu(y) = t \in (0, 1]$, 当 $y = x$ 时; $\mu(y) = 0$, 当 $y \neq x$ 时, 叫作 X 的模糊点, 具有支撑 x 和值 t, 记为 x_t. 对于 X 的模糊点 x_t 和模糊集 μ, 我们有以下定义:

(1) $x_t \in \mu$ 当且仅当 $t \leqslant \mu(x)$, 此时称 x_t 属于 μ;

(2) $x_t \bar{\in} \mu$ 当且仅当 $t > \mu(x)$, 此时称 x_t 不属于 μ;

(3) $x_t q \mu$ 当且仅当 $t + \mu(x) > 1$, 此时称 x_t 重于 μ;

(4) $x_t \bar{q} \mu$ 当且仅当 $t + \mu(x) \leqslant 1$, 此时称 x_t 不重于 μ;

(5) $x_t \bar{\in} \vee \bar{q} \mu$ 当且仅当 $x_t \bar{\in} \mu$ 或 $x_t \bar{q} \mu$.

结合了以上的知识, 我们下面引入 BE 代数的一类新的广义模糊理想 ——BE 代数的 $(\bar{\in}, \bar{\in} \vee \bar{q})$-模糊理想, 并讨论其重要性质.

定义 5.10　X 的模糊子集 μ 叫作 $(\bar{\in}, \bar{\in} \vee \bar{q})$-模糊理想, 如果它满足: 对任意 $t, s \in (0, 1]$ 和任意 $a, b, x \in X$,

(1) $(x * a)_t \bar{\in} \mu$ 蕴涵 $a_t \bar{\in} \vee \bar{q} \mu$;

(2) $((a * (b * x)) * x)_t \bar{\in} \mu$ 蕴涵 $a_t \bar{\in} \vee \bar{q} \mu$ 或 $b_t \bar{\in} \vee \bar{q} \mu$.

定理 5.7　X 的模糊子集 μ 是 $(\bar{\in}, \bar{\in} \vee \bar{q})$-模糊理想当且仅当它满足: 对任意 $a, b, x \in X$,

(1) $\mu(x * a) \vee 0.5 \geqslant \mu(a)$;

(2) $\mu((a * (b * x)) * x) \vee 0.5 \geqslant \mu(a) \wedge \mu(b)$.

证明　设 μ 是 X 的一个 $(\bar{\in}, \bar{\in} \vee \bar{q})$-模糊理想, 若 (1) 不成立, 则有 $x' * y' \in X$ 和 $t \in (0, 1]$, 使得 $\mu(x' * y') \vee 0.5 < t < \mu(y')$, 则 $(x' * y')_t \bar{\in} \mu$, 但 $y'_t \in \mu$ 且 $\mu(y') + t > 1$, 矛盾. 所以 (1) 成立. 同法可证 μ 满足 (2).

相反地, 设 μ 满足 (1) 和 (2). 如果 $(x' * y')_t \bar{\in} \mu, x, y \in X, t \in (0, 1]$, 则 $\mu(x * y) < t$. 当 $y_t \bar{\in} \mu$ 时, 定义 5.10 中的 (1) 成立. 当 $y_t \in \mu$, 则 $\mu(y) \geqslant t$. 因为由 (1) 有 $\mu(x * y) \vee 0.5 \geqslant \mu(y) \geqslant t$, 由此得 $0.5 \geqslant t$, 于是 $\mu(x * y) < 0.5$. 因此, $0.5 \geqslant \mu(y)$, 且 $\mu(y) + t \leqslant 1$, 即 $y_t \bar{q} \mu$, 所以定义 5.10 中的 (1) 成立. 如果存在 $a, b, x \in X$ 和 $t, s \in (0, 1]$, 使得 $((a * (b * x)) * x)_{t \wedge s} \bar{\in} \mu$, 但 $a_t \in \mu, \mu(a) + t > 1$ 和 $b_s \in \mu, \mu(b) + s > 1$, 于是 $\mu((a * (b * x)) * x) < t \wedge s$, 但 $\mu(a) \geqslant t, \mu(a) + t > 1$ 和 $\mu(b) \geqslant s, \mu(b) + s > 1$. 由此, 得 $\mu(a) > 0.5, \mu(b) > 0.5$. 利用 (2) 有

$$\mu((a * (b * x)) * x) \vee 0.5 > 0.5,$$

$$\mu((a * (b * x)) * x) > 0.5.$$

所以 $\mu((a * (b * x)) * x) \geqslant \mu(a) \wedge \mu(b) \geqslant t \wedge s$, 矛盾. 定义 5.10 中的 (2) 成立. ■

作为定理的一个推论, 有以下结论.

推论 5.4 设 μ 是 X 的 $(\bar{\in}, \bar{\in} \vee \bar{q})$-模糊理想. 如果对任意 $x \in X$, $\mu(x) \geqslant 0.5$, 则 μ 是 X 的一个模糊理想.

定理 5.8 设 μ 是 X 的一个模糊集. 则 μ 是 X 的一个 $(\bar{\in}, \bar{\in} \vee \bar{q})$-模糊理想当且仅当对任意 $t \in (0.5, 1]$, 集 $U(\mu, t)$ 是 X 的理想 (当 $U(\mu, t) \neq \varnothing$ 时).

证明 设 μ 是 X 的一个 $(\bar{\in}, \bar{\in} \vee \bar{q})$-模糊理想, 如果 $y \in U(\mu, t)$, 这里 $t \in (0.5, 1]$, 则对任意 $x \in X$, 由定理 5.7 中的 (1), 有

$$\mu(x * y) \vee 0.5 \geqslant \mu(y) > 0.5,$$

因此

$$\mu(x * y) \geqslant \mu(y) \geqslant t.$$

由此得

$$x * y \in U(\mu, t).$$

$U(\mu, t)$ 满足定义 5.8 中的 (1). 如果 $a, b \in U(\mu, t), t \in (0.5, 1]$, 则

$$\mu(a) \geqslant t > 0.5, \quad \mu(b) \geqslant t > 0.5.$$

由定义 5.7 中的 (2) 对任意 $x \in X$, 有

$$\mu((a * (b * x)) * x) \vee 0.5 \geqslant \mu(a) \wedge \mu(b) > 0.5.$$

因此

$$\mu((a * (b * x)) * x) \geqslant \mu(a) \wedge \mu(b) > t,$$

由此得

$$(a * (b * x)) * x \in U(\mu, t).$$

$U(\mu, t)$ 满足定义 5.7 中的 (2). 所以 $U(\mu, t)$ 是 X 的理想.

相反地, 设对任意 $t \in (0.5, 1]$, 集 $U(\mu, t)$ 是 X 的理想 (当 $U(\mu, t) \neq \varnothing$ 时). 如果 μ 不满足定理 5.7 中的 (1), 则有 $x', y' \in X$ 和 $t \in (0.5, 1]$ 使得

$$\mu(x' * y') \vee 0.5 < t < u(y'),$$

于是 $y' \in U(\mu, t)$, 但 $x' * y' \bar{\in} U(\mu, t)$, 矛盾. μ 满足定理 5.7 中的 (1). 同法可证 μ 满足定理 5.7 中的 (2). 所以 μ 是 X 的 $(\bar{\in}, \bar{\in} \vee \bar{q})$-模糊理想. ■

例 5.1　设 $X = \{1, a, b, c, d, e\}$ 是一个集, 乘法表如下:

*	1	a	b	c	d	e
1	1	b	b	c	d	e
a	1	1	a	c	c	d
b	1	1	1	c	c	c
c	1	a	b	1	a	b
d	1	1	a	1	1	a
e	1	1	1	1	1	1

则 $(X, *, 1)$ 是一个 BE 代数.

(1) 令 μ 是 X 的模糊集, 定义如下:

$$\mu(x) = \begin{cases} 0.8, & x \in \{1, a, b\}, \\ 0.4, & x \in \{c, d\}, \\ 0.3, & x \in \{e\}. \end{cases}$$

(2) 令 v 是 X 的模糊集, 定义如下:

$$v(x) = \begin{cases} 0.6, & x \in \{1, a, b\}, \\ 0.4, & x \in \{c, d, e\}. \end{cases}$$

容易验证 μ 是 X 的一个 $(\bar{\in}, \bar{\in} \vee \bar{q})$-模糊理想, 但 μ 不是 X 的模糊理想, 因为

$$\mu((c * (b * e)) * e) = \mu(e) = 0.3 < \mu(b) \wedge \mu(c) = 0.4.$$

v 是 X 的一个模糊理想, 并且它也是 X 的 $(\bar{\in}, \bar{\in} \vee \bar{q})$-模糊理想. 一般地, 模糊理想必是 $(\bar{\in}, \bar{\in} \vee \bar{q})$-模糊理想, 但相反地蕴涵关系不成立.

由以上定理, 易得以下定理.

定理 5.9　设 μ 是 X 的 $(\bar{\in}, \bar{\in} \vee \bar{q})$-模糊理想, 则对任意 $x, y \in X$, 有

(1) $\mu(1) \vee 0.5 \geqslant \mu(x)$;

(2) $x \leqslant y$ 蕴涵 $\mu(y) \vee 0.5 \geqslant \mu(x)$.

对于传递 BE 代数, $(\bar{\in}, \bar{\in} \vee \bar{q})$-模糊理想有一个较简单的等价条件.

定理 5.10　设 X 是一个传递 BE 代数, 则 X 的模糊子集 μ 是 X 的 $(\bar{\in}, \bar{\in} \vee \bar{q})$-模糊理想当且仅当它满足

(1) 对任意 $x \in X, \mu(1) \vee 0.5 \geqslant \mu(x)$;

(2) 对任意 $x, y \in X, \mu(y) \vee 0.5 \geqslant \mu(x * y) \wedge \mu(x)$.

证明 设 μ 是 X 的 $(\bar{\in}, \bar{\in} \vee \bar{q})$-模糊理想, 由之前结果可知, μ 满足 (1). 由 $x = 1 * x = \{[(y * x) * x] * [(y * x) * x]\} * x$ 和定理 5.7 中的 (2) 推得

$$\mu(x) \vee 0.5 = \mu(\{[(y * x) * x] * [(y * x) * x]\} * x) \vee 0.5 \geqslant \mu(y * x) \wedge \mu((y * x) * x). \quad (*)$$

利用 $y \leqslant (y * x) * x$ 和之前结论得 $\mu(y) \leqslant \mu((y * x) * x) \vee 0.5$, 于是由 $(*)$ 式有

$$\mu(x) \vee 0.5 \geqslant \mu(y * x) \wedge \mu(y),$$

即 μ 满足 (2).

相反地, 令 μ 满足 (1) 和 (2). 对任意 $a, x \in X$, 因为 $a * (x * a) = 1$, 由 (1) 和 (2) 得

$$\mu(x * a) \vee 0.5 \geqslant \mu(1) \wedge \mu(a).$$

由 (1) 得

$$\mu(x * a) \vee 0.5 \geqslant \mu(a),$$

定理 5.7 中的 (1) 成立. 对任意 $a, b, x \in X$, 因为 $a * [(a * x) * x] = (a * x) * (a * x) = 1$, 有

$$\mu((a * x) * x) \vee 0.5 \geqslant \mu(1) \wedge \mu(a).$$

由 (1) 得

$$\mu((a * x) * x) \vee 0.5 \geqslant \mu(a).$$

利用 X 的传递性得

$$[(a * x) * x] * \{[b * (a * x)] * (b * x)\} = 1.$$

因此

$$\mu(b * \{[b * (a * x)] * x\}) \vee 0.5 = \mu([b * (a * x)] * (b * x)) \vee 0.5 \geqslant \mu(1) \wedge \mu((a * x) * x).$$

由 (1) 得

$$\mu(b * \{[b * (a * x)] * x\}) \vee 0.5 \geqslant \mu(a).$$

利用 (2), 有

$$\mu([b * (a * x)] * x) \vee 0.5 \geqslant \mu(b * \{[b * (a * x)] * x\}) \wedge \mu(b),$$

由 (1) 得

$$\mu([b * (a * x)] * x) \vee 0.5 \geqslant \mu(a) \wedge \mu(b),$$

定理 5.7 中的 (2) 成立. 所以 μ 是 X 的 $(\bar{\in}, \bar{\in} \vee \bar{q})$-模糊理想.

定理 5.11　设 X 是一个传递 BE 代数, 则 X 的模糊子集 μ 是 X 的 $(\bar{\in}, \bar{\in} \vee \bar{q})$-模糊理想当且仅当它满足

(3) 对任意 $x, y, z \in X$,

$$x * (y * z) = 1 \Rightarrow \mu(z) \vee 0.5 \geqslant \mu(y * z) \wedge \mu(y).$$

证明　设 μ 是 X 的 $(\bar{\in}, \bar{\in} \vee \bar{q})$-模糊理想. 如果 $x * (y * z) = 1$, 则 $x \leqslant y * z$. 由前面的结论有 $\mu(y * z) \vee 0.5 \geqslant \mu(x)$. 由定理 5.10 中的 (2) 有 $\mu(z) \vee 0.5 \geqslant \mu(y * z) \wedge \mu(y)$, 因此 $\mu(z) \vee 0.5 \geqslant \mu(y) \wedge \mu(x)$. (3) 成立.

相反地, 设 μ 满足 (3). 对任意 $a \in X$. 因 $a * (a * 1) = 1$, 由 (3) 得 $\mu(1) \vee 0.5 \geqslant \mu(a) \wedge \mu(a) = \mu(a)$, μ 满足定理 5.10 中的 (2). 所以 μ 是 X 的 $(\bar{\in}, \bar{\in} \vee \bar{q})$-模糊理想. ∎

定理 5.12　令 X 是一个传递 BE 代数, 假设 $\{\mu_\lambda | \lambda \in \Lambda\}$ 是 X 的一族 $(\bar{\in}, \bar{\in} \vee \bar{q})$-模糊理想, 则 $\mu = \bigcap\limits_{\lambda \in \Lambda} \mu_\lambda$ 是 X 的一个 $(\bar{\in}, \bar{\in} \vee \bar{q})$-模糊理想.

证明　设 $x * (y * z) = 1$. 由之前的定理, 对任意 $i \in \Lambda$, 有

$$\mu_i(z) \vee 0.5 \geqslant \mu_i(x) \wedge \mu_i(y),$$

因此

$$\begin{aligned}
\mu(z) \vee 0.5 &= \bigcap\limits_{\lambda \in \Lambda} (\mu_\lambda(z) \vee 0.5) \geqslant \bigcap\limits_{\lambda \in \Lambda} (\mu_\lambda(x) \wedge \mu_\lambda(y)) \\
&= \bigcap\limits_{\lambda \in \Lambda} \mu(x) \wedge \bigcap\limits_{\lambda \in \Lambda} \mu(y) = \mu(x) \wedge \mu(y).
\end{aligned}$$

由定理 5.11, μ 是 X 的一个 $(\bar{\in}, \bar{\in} \vee \bar{q})$-模糊理想. ∎

定理 5.13　令 X 是一个传递 BE 代数. 假设 $\{\mu_\lambda | \lambda \in \Lambda\}$ 是 X 的一族 $(\bar{\in}, \bar{\in} \vee \bar{q})$-模糊理想. 如果对任意 $i, j \in \Lambda, \mu_i \subseteq \mu_j$ 或 $\mu_j \subseteq \mu_i$, 则 $\mu = \bigcup\limits_{\lambda \in \Lambda} \mu_\lambda$ 是 X 的一个 $(\bar{\in}, \bar{\in} \vee \bar{q})$-模糊理想.

证明　由定义, 对给定的 $x, y \in X$ 和任意小的 $\varepsilon > 0$, 存在 $i_0, j_0 \in \Lambda$, 使得

$$\mu(x * y) = \left(\bigcup\limits_{\lambda \in \Lambda} \mu_\lambda \right)(x * y) < \mu_{i_0}(x * y) + \varepsilon,$$

$$\mu(x) = \left(\bigcup\limits_{\lambda \in \Lambda} \mu_\lambda \right)(x) < \mu_{i_0}(x) + \varepsilon.$$

因为 $\mu_{i_0} \subseteq \mu_{j_0}$ 或 $\mu_{j_0} \subseteq \mu_{i_0}$, 不失一般性设 $\mu_{j_0} \subseteq \mu_{i_0}$. 于是

$$\mu(x * y) = \left(\bigcup\limits_{\lambda \in \Lambda} \mu_\lambda \right)(x * y) < \mu_{i_0}(x * y) + \varepsilon,$$

$$\mu(x) = \left(\bigcup_{\lambda \in \Lambda} \mu_\lambda \right)(x) < \mu_{i_0}(x) + \varepsilon,$$

因此

$$\mu(y) \vee 0.5 + \varepsilon = \left(\bigcup_{\lambda \in \Lambda} \mu_\lambda \right)(y) \vee 0.5 + \varepsilon \geqslant \mu_{i_0}(y) \vee 0.5 + \varepsilon \geqslant \{\mu_{i_0}(x*y) \wedge \mu_{i_0}(x)\} + \varepsilon \geqslant$$

$$(\mu_{i_0}(x*y) + \varepsilon) \wedge (\mu_{i_0}(x) + \varepsilon) \geqslant \left(\bigcup_{\lambda \in \Lambda} \mu_\lambda \right)(x*y) \wedge \left(\bigcup_{\lambda \in \Lambda} \mu_\lambda \right)(x) = \mu(x*y) \wedge \mu(y).$$

即 $\mu(y) \vee 0.5 \geqslant \mu(x*y) \wedge \mu(y)$, μ 满足定理 5.10 中的 (2). μ 满足定理 5.10 中的 (1) 的验证是类似的, 故略. 所以 μ 是 X 的一个 $(\bar{\in}, \bar{\in} \vee \bar{q})$-模糊理想.　■

定理 5.14　设 $G_0 \subset G_1 \subset \cdots \subset G_n$ 是 BE 代数 X 的理想的一个严格的升链, 则存在 X 的一个 $(\bar{\in}, \bar{\in} \vee \bar{q})$-模糊理想, 使得它的水平截集恰好是这个链的成员.

证明　令 $\{t_i \in (0.5, 1] : i = 1, 2, \cdots, n\}$ 满足 $1 = t_0 > t_1 > \cdots > t_n > 0.5$. 定义 $\mu : X \to [0, 1]$ 如下:

$$\mu(x) = \begin{cases} t_0, & x \in G_0, \\ t_1, & x \in G_1 G_0, \\ t_2, & x \in G_2 G_1, \\ \quad \cdots\cdots \\ t_n, & x \in G_n G_{n-1}. \end{cases}$$

于是 $x \in G_i \Rightarrow \mu(x) \geqslant t_i$ 和 $\mu_{0.5} = G_0$. 显然, 对所有 $x \in X$,

$$\mu(1) \vee 0.5 = \mu(1) \geqslant \mu(x).$$

令 $x, y \in X$ 满足

$$x * y \in G_{i_0} G_{i_0-1} \text{ 和 } x \in G_{j_0} G_{j_0-1}, \quad 1 \leqslant i_0, j_0 \leqslant n.$$

当 $i_0 \geqslant j_0$ 时, 有 $x*y, x \in G_{i_0}$, 所以 $y \in G_{i_0}$. $\mu(y) \vee 0.5 = \mu(y) \geqslant t_{i_0} = \min\{t_{i_0}, t_{j_0}\} \geqslant \min\{\mu(x*y), \mu(x)\}$. 当 $j_0 \geqslant i_0$ 时, 则 $x*y, x \in G_{j_0}$, 因此 $y \in G_{j_0}$.

$$\mu(y) \vee 0.5 = \mu(y) \geqslant t_{j_0} = \min\{\mu(x*y), \mu(y)\}.$$

所以 μ 是 $(\bar{\in}, \bar{\in} \vee \bar{q})$-模糊理想. 其他条件的验证是容易的. 故略.　■

5.1.3　余模糊理想

本节以 BCI 代数上的余模糊理想为例, 介绍逻辑代数中的余模糊理想. 通过研究 BCI 代数的余模糊理想的性质, 讨论 BCI 代数的余模糊理想和 BCI 代数的模糊

理想之间的关系, 应用余模糊理想, 引入了 BCI 代数的一个同余关系, 进而得到了
BCI 代数的一个商代数. 通过对余模糊理想的研究, 还可以研究它和其他模糊理想
之间的关系. 可以研究 BCI 代数的 p 理想、BCI 代数的 q 理想、p-半单 BCI 代数
的模糊理想等等. 研究这些理想都是很有意义的.

定义 5.11　一个非空的集合 X、运算符 $*$ 和一个常数 0 组成一个系统 $(X, *, 0)$,
若对于所有 $x, y, z \in A$ 满足以下条件, 则称此集合为 BCI 代数:

(1) $((x * y) * (x * z)) * (z * y) = 0$;

(2) $(x * (x * y)) * y = 0$;

(3) $x * x = 0$;

(4) $x * y = 0$ 和 $y * x = 0$ 蕴涵着 $x = y$.

在一个 BCI 代数 X 里, 我们可以定义一个偏序关系 $\leqslant$ 当且仅当 $x * y = 0$.
若还满足 $\forall x \in X, 0 * x = 0$, 则称 X 为一个 BCK 代数.

在任何 BCI 代数 X 中, 下面各式成立:

(5) $x * (x * (x * y)) = x * y$;

(6) $0 * (x * y) = (0 * x) * (0 * y)$;

(7) $(x * y) * z = (x * z) * y$;

(8) $(0 * (x * y)) * (y * x) = 0$;

(9) $x * 0 = 0$;

(10) $x \leqslant y$ 蕴涵 $x * z \leqslant y * z$ 和 $z * y \leqslant z * x$.

在本节中 X 就代表一个 BCI 代数.

我们先引入 BCI 代数的子结构 —— 理想.

定义 5.12　若 X 的一个非空子集 I 满足

(1) $0 \in I$;

(2) $\forall x, y \in X, (x * y) \in I$ 且 $y \in I$ 有 $x \in I$.

则称 I 是 X 的理想.

我们下面引入 BCI 代数的模糊理想及余模糊理想.

定义 5.13　设 μ 是 X 的一个模糊集, 如果 $\forall x, y \in X$, 有

(1) $\mu(0) \geqslant \mu(x)$;

(2) $\mu(x) \geqslant \min\{\mu(x * y), \mu(y)\}$.

则称 μ 是 X 的一个模糊理想.

定义 5.14　设 μ 是 X 的一个模糊集, 如果 $\forall x, y \in X$, 有

(1) $\mu(0) \leqslant \mu(x)$;

(2) $\mu(x) \leqslant \max\{\mu(x*y), \mu(y)\}$.

则称 μ 是 X 的一个余模糊理想.

类比于逻辑代数中的模糊理想, 我们研究余模糊理想的性质.

定理 5.15 (保序性)　若 μ 是 X 的一个余模糊理想, 则 μ 具有保序性.

证明　因为 $x < y$ 蕴涵 $x*y = 0$, 所以由余模糊的定义得

$$\mu(x) \leqslant \mu(x*y) \vee \mu(y) = \mu(0) \vee \mu(y) = \mu(y).$$ ■

定理 5.16　设 μ 是 X 的一个模糊集, μ 是 X 的一个余模糊理想当且仅当 μ^c 是 X 的一个模糊理想.

证明　因为 $\mu = 1 - \mu^c$, 且 $\mu(0) \leqslant \mu(x)$, 所以

$$\mu^c(0) \geqslant \mu^c(x),$$

对 $\forall x \in X$, 因为 $\mu(x) \leqslant \mu(x*y) \vee \mu(y) \Leftrightarrow (1-\mu^c)(x) \leqslant (1-\mu^c)(x*y) \vee (1-\mu^c)(y) \Leftrightarrow \mu^c(x) \geqslant \mu^c(x*y) \wedge \mu^c(y)$, 所以 μ^c 是 X 的一个模糊理想.

同理可证若 μ^c 是 X 的一个模糊理想, 则 μ 是 X 的一个余模糊理想. ■

定理 5.17　设 μ 是 X 的一个模糊子集, μ 是 X 的一个余模糊理想当且仅当它满足条件对 $\forall x,y \in X, (x*y)*z = 0$ 蕴涵 $\mu(x) \leqslant \mu(y) \vee \mu(z)$.

证明 (充分性)　若 μ 是 X 的一个余模糊理想, 则有

$$\mu(x) \leqslant \mu(x*y) \vee \mu(y),$$

又 $(x*y)*z = 0, x*y \leqslant z$. 有

$$\mu(x) \leqslant \mu(x*y) \vee \mu(y) \leqslant \mu(z) \vee \mu(y).$$

(必要性)　若条件成立, 因为 $(x*(x*y))*y = 0$, 则有

$$\mu(x) \leqslant \mu(x*y) \vee \mu(y),$$

即证 μ 是 X 的一个余模糊理想. ■

推论 5.5　设 μ 是 X 的一个模糊子集, 并且满足 $\forall x \in X$, 有 $\mu(0) \leqslant \mu(x)$, 则 μ 是 X 的一个余模糊理想当且仅当它满足条件: 对 $\forall x, y_1, y_2, \cdots, y_n \in X$,

$$(\cdots(x*y_1)*\cdots)*y_n = 0,$$

则有 $\mu(x) \leqslant \mu(y_1) \vee \cdots \vee \mu(y_n)$ 成立.

定理 5.18　设 μ_1, μ_2 是 X 的两个余模糊理想, 且对 $\forall x, y, z \in X$ 有

$$(x * y) * z = 0,$$

则 $\mu_1 \vee \mu_2$ 也是余模糊理想.

　　证明　由已知得

$$\mu_1(x) \leqslant \mu_1(y) \vee \mu_1(z), \quad \mu_2(x) \leqslant \mu_2(y) \vee \mu_2(z),$$

所以

$$(\mu_1 \vee \mu_2)(x) \leqslant (\mu_1 \vee \mu_2)(y) \vee (\mu_1 \vee \mu_2)(z),$$

即证得定理成立.　　　　　　　　　　　　　　　　　　　　　　　　　　■

　　推论 5.6　若 $\mu_i (i \in Z)$ 是 X 的余模糊理想, 则 $\bigvee\limits_{i \in Z} \mu_i$ 也是余模糊理想.

　　下面我们讨论 BCI 代数的余模糊理想的陪集.

　　定义 5.15　设 μ 是 X 的一个余模糊理想, 则称模糊子集 μ^x 为 μ 的陪集, 其中 $\mu^x(y) = \mu(x * y) \vee \mu(y * x)$.

　　引理 5.1　$\mu^x = \mu^y \Leftrightarrow \mu(x * y) = \mu(y * x) = 0$.

　　证明 (充分性)　因为 $\mu^x = \mu^y \Rightarrow \mu^x(x) = \mu^y(x)$, 而 $\mu^x(x) = \mu(x * x) = \mu(0) = \mu^y(x) = \mu(x * y) \vee \mu(y * x)$, 所以 $\mu(x * y) = \mu(y * x) = \mu(0)$.

　　(必要性)　若 $\mu(x * y) = \mu(y * x) = \mu(0)$, 由 $((x * z) * (x * y)) * (y * z) = 0$, 则有 $\mu(x * z) \leqslant \mu(x * y) \vee \mu(y * z) = \mu(y * z)$ 成立; 若 $((y * z) * (y * x)) * (x * z) = 0$, 则有 $\mu(y * z) \leqslant \mu(x * y) \vee \mu(x * z) = \mu(x * z)$ 成立; 所以

$$\mu(x * z) = \mu(y * z). \tag{①}$$

　　同理, 若 $((z * y) * (z * x)) * (x * y) = 0$, 有 $\mu(z * y) \leqslant \mu(z * x) \vee \mu(x * y) = \mu(z * x)$ 成立, 若 $((z * x) * (z * y)) * (y * x) = 0$, 有 $\mu(z * x) \leqslant \mu(z * y) \vee \mu(y * x) = \mu(z * y)$ 成立, 所以

$$\mu(z * x) = \mu(z * y). \tag{②}$$

　　通过 ① 式和 ② 式可得 $\mu^x(z) = \mu^y(z)$, 即证 $\mu^x = \mu^y$.　　　　　　■

　　命题 5.2　设 μ 是 X 的一个余模糊理想, 对于 $\forall x, y \in X$, 记 $x \sim_{\mu_{\mu(0)}} y \Leftrightarrow \mu(x * y) = \mu(y * x) = \mu(0)$, 则 $\sim_{\mu_{\mu(0)}}$ 表示同余关系.

　　证明　(1) $x \sim_{\mu_{\mu(0)}} x$ 显然, 可推出自反性成立;

　　(2) $x \sim_{\mu_{\mu(0)}} y \Rightarrow y \sim_{\mu_{\mu(0)}} x$, 对称性也显然成立;

(3) 证传递性成立如下:

设 $x \sim_{\mu_{\mu(0)}} y, y \sim_{\mu_{\mu(0)}} z$, 则有

$$\mu(x * y) = \mu(y * x) = \mu^0, \quad \mu(y * z) = \mu(z * y) = \mu^0.$$

因为 $((x * z) * (x * y)) * (y * z) = 0$, 所以

$$\mu(x * z) \leqslant \mu(x * y) \vee \mu(y * z) = \mu(0),$$

即

$$\mu(x * z) = \mu(0), \qquad\qquad ③$$

又因为 $((z * x) * (z * y)) * (y * x) = 0$, 则

$$\mu(z * x) \leqslant \mu(z * y) \vee \mu(y * x) = \mu(0),$$

即

$$\mu(z * x) = \mu(0). \qquad\qquad ④$$

由 ③ 式和 ④ 式可得

$$\mu(z * x) = \mu(x * z) = \mu(0),$$

所以得 $x \sim_{\mu_{\mu(0)}} z$ 成立, 即传递性成立;

(4) 保持运算: 设 $\forall x, y, z, s, t \in X, x \sim_{\mu_{\mu(0)}} y, s \sim_{\mu_{\mu(0)}} t$.

由 $((z * x) * (z * y)) * (y * x) = 0$, 有 $(z * x) * (z * y) \leqslant y * x$, 所以

$$\mu((z * x) * (z * y)) \leqslant \mu(y * x) = \mu(0),$$

由 $((z * y) * (z * x)) * (x * y) = 0$, 有 $(z * y) * (z * x) \leqslant x * y$, 所以

$$\mu((z * y) * (z * x)) \leqslant \mu(x * y) = \mu(0).$$

综上,

$$\mu((z * x) * (z * y)) = \mu((z * y) * (z * x)) = \mu(0),$$

即 $z * x \sim_{\mu_{\mu(0)}} z * y$.

同理 $x * z \sim_{\mu_{\mu(0)}} y * z$. 由 $x \sim_{\mu_{\mu(0)}} y, s \sim_{\mu_{\mu(0)}} t$, 有 $x * s \sim_{\mu_{\mu(0)}} y * s, y * s \sim_{\mu_{\mu(0)}} y * t$, 由传递性可得 $x * s \sim_{\mu_{\mu(0)}} y * t$, 即 $\sim_{\mu_{\mu(0)}}$ 保持运算.

所以 $\sim_{\mu_{\mu(0)}}$ 是 X 上的同余关系. ∎

引理 5.2　μ 是余模糊理想, $\mu^x : X \to [0,1]$, $\forall x, y, s, t \in X$. 如果 $\mu^x = \mu^s$, $\mu^y = \mu^t$, 则 $\mu^{x*y} = \mu^{s*t}$.

证明　由已知可得 $x \sim_{\mu_{\mu(0)}} s, y \sim_{\mu_{\mu(0)}} t$, 所以 $x*y \sim_{\mu_{\mu(0)}} s*t$, 即得 $\mu^{x*y} = \mu^{s*t}$ 成立. ■

以下我们利用余模糊理想建立 BCI 代数的商集.

定义 5.16　令 μ 是余模糊理想, $\dfrac{L}{\mu} = \{\mu^x | \mu^x$ 是 μ 的陪集, $x \in L\}$. 对于 $\forall \mu^x, \mu^y \in \dfrac{L}{\mu}$, 有 $\mu^x * \mu^y = \mu^{x*y}$.

定理 5.19　$\left(\dfrac{L}{\mu}, *, \mu^0\right)$ 是一个 BCI 代数.

证明　对 $\forall \mu^x, \mu^y, \mu^z \in \dfrac{L}{\mu}$, 由

$$((\mu^x * \mu^y) * (\mu^x * \mu^z)) * (\mu^z * \mu^y)$$
$$= (\mu^{x*y} * \mu^{x*z}) * \mu^{z*y}$$
$$= \mu^{(x*y)*(x*z)} * \mu^{z*y}$$
$$= \mu^{((x*y)*(x*z))*(z*y)}$$
$$= \mu^0,$$

即证

$$((\mu^x * \mu^y) * (\mu^x * \mu^z)) * (\mu^z * \mu^y) = \mu^0. \tag{⑤}$$

由

$$(\mu^x * (\mu^x * \mu^y)) * \mu^y$$
$$= (\mu^x * \mu^{x*y}) * \mu^y$$
$$= \mu^{x*(x*y)} * \mu^y$$
$$= \mu^{(x*(x*y))*y}$$
$$= \mu^0,$$

即证

$$(\mu^x * (\mu^x * \mu^y)) * \mu^y = \mu^0. \tag{⑥}$$

又

$$\mu^x * \mu^x = \mu^{x*x} = \mu^0 \tag{⑦}$$

显然成立.

若 $\mu^x * \mu^y = \mu^{x*y} = \mu^0$ 和 $\mu^y * \mu^x = \mu^{y*x} = \mu^0$ 都成立, 则

$$\mu^x = \mu^y \qquad ⑧$$

根据 ⑤, ⑥, ⑦, ⑧式可得定理 5.19 成立. ∎

5.1.4 落影模糊演绎系统

落影表示理论是依赖于联合度分布的一种选择方法, 其数学结构形成见文献 [124]. 其后, 使用落影理论, 文献给出了落影模糊子群的概念以进一步研究群的模糊结构. 众多文献基于落影理论分别在 BCK/BCI 代数、BL 代数、MV 代数中进一步研究了落影模糊理想和模糊滤子, 丰富了落影模糊滤子结构理论.

Hilbert 代数被视为研究包含逻辑蕴涵连接词和逻辑真值 1 的代数逻辑的重要工具, 关于这方面有大量研究工作.

我们将模糊集理论和落影理论应用到一类与 Hilbert 代数和半群相关的代数结构 ——HS 代数中, 引入了模糊演绎系统和落影模糊演绎系统, 深入研究了其演绎系统的模糊化形式.

定义 5.17 Hilbert 代数是一个 $(2,2,0)$ 型的代数结构 $(H, \rightarrow, 1)$ 满足条件:

(1) $x \rightarrow (y \rightarrow x) = 1$;

(2) $(x \rightarrow (y \rightarrow z)) \rightarrow ((x \rightarrow y) \rightarrow (x \rightarrow z)) = 1$;

(3) $x \rightarrow y = y \rightarrow x$ 蕴涵 $x = y$.

设 H 是一个 Hilbert 代数, 则 H 上的偏序关系 $\leqslant$ 定义为 $x \leqslant y$ 当且仅当 $x \rightarrow y = 1$, 其中 $x, y \in H$.

定义 5.18 若 $(1)S(X) = (X, \cdot)$ 是半群;

(2) $H(X) = (X, \rightarrow, 1)$ 是 Hilbert 代数;

(3) 对 $\forall x, y, z \in X$,

$$x \cdot (y \rightarrow z) = (x \cdot y) \rightarrow (x \cdot z), \quad (y \rightarrow z) \cdot x = (y \cdot x) \rightarrow (z \cdot x),$$

则称 $(2,2,0)$ 型的代数结构 $(X, \rightarrow, \cdot, 1)$ 为 HS 代数.

为叙述方便, 用 xy 表示 $x \cdot y$, 在接下来的讨论中, 若无特殊声明, X 始终表示 HS 代数.

命题 5.3 设 X 是 HS 代数, $\forall x, y, z \in X$, 下述性质成立:

(1) $x1 = 1, 1x = 1, x \rightarrow 1 = 1, 1 \rightarrow x = x, x \leqslant y \rightarrow x, x \leqslant (x \rightarrow y) \rightarrow y$;

(2) $x \rightarrow (y \rightarrow z) = y \rightarrow (x \rightarrow z), x \rightarrow (y \rightarrow z) = (x \rightarrow y) \rightarrow (x \rightarrow z)$;

(3) $x \to y = ((x \to y) \to y)x \to y \to y \leqslant (y \to z) \to (x \to z)$;

(4) $(x \to y) \to ((y \to x) \to x) = (y \to x) \to ((x \to y) \to y)$.

若 $xa \in A(ax \in A)$, 其中 $x \in S, a \in A$, 半群 $(S, \cdot)$ 的非空子集 A 称为左 (右) 稳定的. 若 A 既是 S 的左稳定子集, 又是右稳定子集, 则称 A 是 $S(X)$ 的稳定子集.

设 A 是 X 的非空子集. 若 $\forall x, y \in A, x \to y \in A$ 和 $xy \in A$, 则称 A 是 X 的子代数; 若 (1) A 是 $S(X)$ 的稳定子集, (2) $\forall x, y \in X, x \in A$ 和 $x \to y \in A$ 蕴涵 $y \in A$, 则称 A 是 X 的演绎系统. 容易看出 $1 \in A$, 为了便于讨论, 不妨设空集 $\varnothing$ 是 X 的演绎系统.

下面是关于落影理论的一些基本知识.

给定一个论域 U, 记 $P(U)$ 为 U 的幂集. $\forall u \in U, E \in P(U)$, 记 $\dot{u} = \{E | u \in E, E \subseteq U\}, \dot{E} = \{\dot{u} | u \in E\}$. 若 B 是 P 中的 σ-域, 且 $\dot{U} \subseteq B$, 则称序对 $(P(U), B)$ 为 U 上的超可测度空间. 给定 U 上的一个超可测度空间 $(P(U), B)$, 若映射 $\xi: \Omega \to P(U)$ 为 $A \to B$ 测度, 即 $\forall C \in B, \xi^{-1}(C) = \{\omega \in \Omega | \xi(\omega) \in C\} \in A$, 则称 ξ 为 U 上的随机集. 设 ξ 是 U 上的随机集, $\forall u \in U$, 定义 $\tilde{H}(u) = P\{\omega | u \in \xi(\omega)\}$, 则 $\tilde{H}$ 是 U 上的模糊集, 称 $\tilde{H}$ 为 ξ 的落影, ξ 为 $\tilde{H}$ 的云.

下面我们引入模糊演绎系统.

设 μ 是半群 $(S, \cdot)$ 上的模糊子集. 若 $\mu(xy) \geqslant \mu(y)(\mu(xy) \geqslant \mu(x))$, 其中 $x, y \in S$, 则称 μ 是 S 的模糊左 (右) 稳定子集. 若 μ 既是 X 的模糊左稳定子集, 又是 X 的模糊右稳定子集, 则称 μ 是 X 的模糊稳定子集.

定义 5.19　设 μ 是 X 上的模糊集. 若 μ 满足条件:

(1) μ 是 $S(X)$ 的模糊稳定子集;

(2) $\forall x, y \in X, \mu(y) \geqslant \mu(x) \wedge \mu(x \to y)$.

则称 μ 是 X 的模糊演绎系统.

例 5.2　设 $X = \{0, a, b, c, 1\}$, X 上的运算 "$\to$" 和 "$\cdot$" 的定义如下:

$\to$	a	b	c	1
a	1	b	c	1
b	1	1	c	1
c	1	1	1	1
1	a	b	c	1

·	a	b	c	1
a	a	1	1	1
b	1	b	c	1
c	1	c	b	1
1	1	1	1	1

则 $(X, \to, \cdot, 1)$ 是 HS 代数. X 上的模糊集 μ 定义为 $\mu(1) = 0.7, \mu(a) = 0.4, \mu(b) = \mu(c) = 0.3$. 容易验证 μ 是 X 的模糊演绎系统.

命题 5.4　设 μ 是 X 的模糊子集, 若 μ 是 X 上的模糊演绎系统, 则

(1) $\forall x \in X, \mu(1) \geqslant \mu(x)$;

(2) $\forall x, y \in X, x \leqslant y$ 蕴涵 $\mu(x) \leqslant \mu(y)$.

证明　(1) 对 $\forall x \in X$, 由命题 5.3 知, $x1 = x$. 由于 μ 是 X 的模糊演绎系统, 因此

$$\mu(1) = \mu(x1) \geqslant \mu(x) \vee \mu(1),$$

故 $\mu(1) \geqslant \mu(x)$;

(2) 设 $x, y \in X$ 且满足 $x \leqslant y$, 则 $x \to y = 1$, 故

$$\mu(y) = \mu(x) \wedge \mu(x \to y) = \mu(x) \wedge \mu(1),$$

由结论 (1) 知, $\mu(x) \leqslant \mu(y)$.　　　　　　　　　　　　　　　　■

使用水平截集, 容易给出模糊演绎系统的以下判定方法.

命题 5.5　设 μ 是 X 上的模糊子集, 则 μ 是 X 的模糊演绎系统当且仅当 $\forall t \in [0,1], \mu_t$ 是 X 的演绎系统, 其中 $\mu_t = \{x \in X | \mu(x) \geqslant t\}$ 为 μ 的 t 水平截集.

定义 5.20　设 μ, v 是 X 的模糊集, 定义 X 的模糊集 $\mu \cdot v$ 和 $\mu \circ v$ 分别为

$$(\mu \cdot v)(x) = \begin{cases} \sup\{\mu(y) \vee \mu(z) | x = yz\}, & \text{存在 } y, z \text{ 满足 } x = yz, \\ 0, & \text{其他}, \end{cases}$$

$$(\mu \circ v)(z) = \sup\{\mu(x) \wedge v(y) | x \to (y \to z) = 1\},$$

其中 $x, y, z \in X$, 则称 $\mu \cdot v, \mu \circ v$ 分别为 μ 与 v 的模糊积和模糊上集.

命题 5.6　设 μ, v 分别是 X 的模糊右稳定子集和模糊左稳定子集, 则 $\mu \cdot v \subseteq \mu \cup v$, 其中 $(\mu \cup v)(x) = \mu(x) \vee v(x)(\forall x \in X)$.

证明　$\forall x \in X$, 若存在 $y, z \in X$, 使得 $x = yz$, 则

$$(\mu \cup v)(x) = (\mu \cup v)(yz) = \mu(yz) \vee v(yz) \geqslant \mu(y) \vee v(z).$$

于是

$$(\mu \cup v)(x) \geqslant \sup\{\mu(y) \vee v(z) | x = yz\} = (\mu \cdot v)(x).$$

因此, $\mu \cdot v \subseteq \mu \cup v$. ∎

命题 5.7　设 μ 是 X 的模糊子集, 则 μ 是 X 的模糊演绎系统当且仅当 $\mu \cdot \mu \subseteq \mu, \mu \circ \mu \subseteq \mu$.

证明　设 μ 是 X 的模糊演绎系统, $\forall x \in X$, 若不存在 y, z 使得 $x = yz$, 显然 $\mu \cdot \mu \subseteq \mu$ 成立. 若存在 y, z 使得 $x = yz$, 则

$$\mu(x) = \mu(yz) \geqslant \mu(y) \vee \mu(z),$$

从而

$$\mu(x) \geqslant \sup\{\mu(y) \vee \mu(z) | x = yz\} = (\mu \cdot \mu)(x).$$

因此,

$$\mu \cdot \mu \subseteq \mu.$$

$\forall z \in X$, 若 $x \to (y \to z) = 1$, 则

$$\mu(z) \geqslant \mu(y) \wedge \mu(y \to z) \geqslant \mu(y) \wedge \mu(x) \wedge \mu(x \to (y \to z))$$
$$= \mu(y) \wedge \mu(x) \wedge \mu(1) = \mu(x) \wedge \mu(y),$$

进一步得

$$\mu(z) \geqslant \sup\{\mu(x) \wedge \mu(y) | x \to (y \to z) = 1\} = (\mu \circ \mu)(z).$$

因此 $\mu \circ \mu \subseteq \mu$.

反之, 设 $\mu \cdot \mu \subseteq \mu, \mu \circ \mu \subseteq \mu$, 则 $\forall x, y \in X$,

$$\mu(xy) \geqslant (\mu \cdot \mu)(xy) \geqslant \mu(x) \vee \mu(y).$$

由于 $x \to ((x \to y) \to y) = 1$, 故

$$\mu(y) \geqslant (\mu \circ \mu)(y) \geqslant \mu(x) \wedge \mu(x \to y).$$

综上可知, μ 是 X 的模糊演绎系统. ∎

定义 5.21　设 X, Y 是 HS 代数, 若映射 $f : X \to Y$ 满足

(1) $f(xy) = f(x)f(y)$;

(2) $f(1) = 1$;

(3) $f(x \to y) = f(x) \to f(y)$.

则称 f 是一个 HS 同态.

设 X, Y 是 HS 代数, $f: X \to Y$ 为映射, μ, v 分别为 X, Y 的模糊子集. μ 在 f 下的像 $f(\mu)$ 定义为 $\forall y \in Y$,

$$f(\mu)(y) = \begin{cases} \sup\{\mu(x) | f(x) = y\}, & f^{-1}(y) \neq \varnothing, \\ 0, & f^{-1}(y) = \varnothing, \end{cases}$$

v 在 f 下的逆像 $f^{-1}(v)$ 定义为 $\forall x \in X, f^{-1}(v)(x) = v(f(x))$.

命题 5.8 设 X, Y 是 HS 代数, μ, v 分别为 X, Y 的模糊演绎系统, 映射 $f: X \to Y$ 为 HS 满同态, 则 $f(\mu), f^{-1}(v)$ 分别是 Y, X 的模糊演绎系统.

证明 $\forall y_1, y_2 \in Y$, 由于 μ 为 X 的模糊演绎系统, 故

$f(\mu)(y_1 y_2) = \sup\{\mu(x_1 x_2) | f(x_1 x_2) = y_1 y_2\} \geqslant \sup\{\mu(x_1) \vee \mu(x_2) | f(x_1 x_2) = y_1 y_2\} \geqslant \sup\{\mu(x_1) | f(x_1) = y_1\} \vee \sup\{\mu(x_2) | f(x_2) = y_2\} = f(\mu)(y_1) \vee f(\mu)(y_2)$.

又 $f(\mu)(y_1) \wedge f(\mu)(y_1 \to y_2) = \sup\{\mu(x_1) | f(x_1) = y_1\} \wedge \sup\{\mu(x_1 \to x_2) | f(x_1 \to x_2) = y_1 \to y_2\} \leqslant \sup\{\mu(x_1) \wedge \mu(x_1 \to x_2) | f(x_1) = y_1, f(x_2) = y_2\} \leqslant \sup\{\mu(x_2) | f(x_2) = y_2\} = f(\mu)(y_2)$.

因此, $f(\mu)$ 是 Y 的模糊演绎系统.

$\forall x_1, x_2 \in X, f^{-1}(v)(x_1 x_2) = v(f(x_1 x_2)) = v(f(x_1) f(x_2)) \geqslant v(f(x_1)) \vee v(f(x_2)) = f^{-1}(v)(x_1) \vee f^{-1}(v)(x_2)$.

注意到 v 为 Y 的模糊演绎系统, 则有

$f^{-1}(v)(x_1) \wedge f^{-1}(v)(x_1 \to x_2) = v(f(x_1)) \wedge v(f(x_1 \to x_2)) = v(f(x_1)) \wedge v(f(x_1) \to f(x_2)) \leqslant v(f(x_2)) = f^{-1}(v)(x_2)$.

故 $f^{-1}(v)$ 是 X 的模糊演绎系统. ∎

下面引入 HS 代数的落影模糊子代数以及落影模糊演绎系统的概念, 建立模糊演绎系统与落影模糊系统的关系.

定义 5.22 设 (Ω, A, P) 是概率空间, $\xi: \Omega \to P(X)$ 是随机集. 若 $\forall \omega \in \Omega, \xi(\omega)$ 是 X 的子代数, 则称 ξ 的落影 $\tilde{H}$ 为 X 的落影模糊子代数, 其中 $\tilde{H}(u) = P(\omega | u \in \xi(\omega))(\forall u \in X)$.

定义 5.23 设 (Ω, A, P) 是概率空间, $\xi: \Omega \to P(X)$ 是随机集. 若 $\forall \omega \in \Omega, \xi(\omega)$ 是 X 的演绎系统, 则称 ξ 的落影 $\tilde{H}$ 为 X 的落影模糊演绎系统.

例 5.3 设 $X = \{0, a, b, c, 1\}$, X 上的运算 "$\to$" 和 "$\cdot$" 的定义分别见例 5.2, 则 $(X, \to, \cdot, 1)$ 是 HS 代数.

设概率空间 $(\Omega, A, P) = ([0,1], A, m)$, 映射 $\xi : \Omega \to P(X)$ 定义为

$$\xi(t) = \begin{cases} \{1\}, & t \in [0, 0.3), \\ \{a, 1\}, & t \in [0.3, 0.7), \\ X, & t \in [0.7, 1]. \end{cases}$$

则 $\forall t \in [0,1]$, $\xi(t)$ 是 X 的演绎系统. 因此, $\tilde{H}$ 是 X 的落影模糊演绎系统, 其中 $\tilde{H}(x) = P(t | x \in \xi(t))$ 表示如下:

$$\tilde{H}(x) = \begin{cases} 0.3, & x = b, c, \\ 0.7, & x = a, \\ 1, & x = 1. \end{cases}$$

命题 5.9　X 的每一个落影模糊演绎系统都是落影模糊子代数.

证明　设 (Ω, A, P) 是概率空间, 随机集 ξ 的落影 $\tilde{H}$ 是落影模糊演绎系统, 则 $\forall \omega \in \Omega, \xi(\omega)$ 是 X 的演绎系统. $\forall x, y \in \xi(\omega)$, 由于 $y \to (x \to y) = 1 \in \xi(\omega)$, 根据演绎系统的定义知, $x \to y \in \xi(\omega)$, 故 $\xi(\omega)$ 是 X 的子代数, 从而得 $\tilde{H}$ 是 X 落影模糊子代数. ■

命题 5.10　X 的每一个模糊演绎系统是落影模糊演绎系统.

证明　考虑概率空间 $(\Omega, A, P) = ([0,1], A, m)$, 其中 A 是 $[0,1]$ 上的 Borel 域, m 是 Lebesgue 测度. 设 μ 是 X 的模糊演绎系统, 由命题 5.5 知, 对 $\forall t \in [0,1], M_t$ 是 X 的演绎系统. 定义随机集 $\xi : [0,1] \to P(x)$ 为 $\forall t \in [0,1], \xi(t) = \mu_t$, 则 μ 是 X 的落影模糊演绎系统.

设 (Ω, A, P) 是一个概率空间, $F(X) = \{f | f : \Omega \to X\}$. 在 $F(X)$ 上定义运算 "$\to$" 和 "$\cdot$" 如下:

$$\forall \omega \in \Omega, f, g \in F(X), \quad (f \to g)(\omega) = f(\omega) \to g(\omega), \quad (f \cdot g)(\omega) = f(\omega) \cdot g(\omega),$$

并且 $\forall \omega \in \Omega$, 定义 $1(\omega) = 1$, 容易验证 $(F(X), \to, \cdot, 1)$ 是 HS 代数. ■

命题 5.11　设 (Ω, A, P) 是 X 上的概率空间, $\omega \in \Omega, A \subseteq X$. 若 A 是 X 的演绎系统, 则 $\xi(\omega) = \{f \in F(X) | f(\omega) \in A\}$ 是 $F(X)$ 的演绎系统.

证明　设 A 是 X 的演绎系统, $f, g \in F(X), h \in \xi(\omega)$. 由于 A 是 X 的演绎系统, 故

$$(f \cdot h)(\omega) = f(\omega) \cdot h(\omega) \in A, \quad (h \cdot g)(\omega) = h(\omega) \cdot g(\omega) \in A,$$

因此,

$$f \cdot h \in \xi(\omega), h \cdot g \in \xi(\omega).$$

若 $f \to g \in \xi(\omega), f \in \xi(\omega)$, 则

$$f(\omega) \to g(\omega) = (f \to g)(\omega) \in A, \quad f(\omega) \in A,$$

从而 $g(\omega) \in A$, 即 $g \in \xi(\omega)$. 综上可知, $\xi(\omega)$ 是 $F(X)$ 的演绎系统. ■

设 (Ω, A, P) 是概率空间, $\tilde{H}$ 是随机集 $\xi : \Omega \to P(X)$ 的落影. $\forall x \in X$, 记 $\Omega(x; \xi) = \{\omega \in \Omega | x \in \xi(\omega)\}$, 则 $\Omega(x; \xi) \in A$. 当随机集的落影是模糊稳定子集时, 下面给出落影模糊演绎系统的一些等价刻画.

定理 5.20 设 $\tilde{H}$ 是随机集 $\xi : \Omega \to P(X)$ 的落影. 若 $\tilde{H}$ 是 X 的模糊稳定子集, 则 $\tilde{H}$ 是 X 的落影模糊演绎系统当且仅当 $x \in \xi(\omega)$ 和 $y \in X \backslash \xi(\omega)$ 蕴涵 $x \to y \in X \backslash \xi(\omega)$, 其中 $\omega \in \Omega, x, y \in X$.

证明 设 $\tilde{H}$ 是 X 的落影模糊演绎系统, $x, y \in X$, 且使得 $x \in \xi(\omega), y \in X \backslash \xi(\omega)$. 假设 $x \to y \in \xi(\omega)$, 则有 $y \in \xi(\omega)$, 矛盾. 因此, $x \to y \in X \backslash \xi(\omega)$.

反之, $\forall \omega \in \Omega$, 设 $x, y \in X$ 并且 $x \to y \in \xi(\omega), x \in \xi(\omega)$. 假设 $y \in X \backslash \xi(\omega)$, 知 $x \to y \in X \backslash \xi(\omega)$, 矛盾. 因此, $y \in \xi(\omega)$, 故 $\tilde{H}$ 是 X 的落影模糊演绎系统. ■

命题 5.12 设 $\tilde{H}$ 是随机集 $\xi : \Omega \to P(X)$ 的落影. 若 $\tilde{H}$ 是 X 的落影模糊演绎系统, 则下列结论成立: 对 $\forall x, y \in X$,

(1) $\Omega(x; \xi) \subseteq \Omega(1; \xi)$;

(2) $x \leqslant y$ 蕴涵 $\Omega(x; \xi) \subseteq \Omega(y; \xi)$.

证明 (1) $\forall \omega \in \Omega(x; \xi)$, 有 $x \in \xi(\omega)$. 由于 $\tilde{H}$ 是 X 的落影模糊演绎系统, 故 $\xi(\omega)$ 是 X 的演绎系统, 从而 $1x = 1 \in \xi(\omega)$, 即 $\omega \in \Omega(1, \xi)$. 故 $\Omega(x; \xi) \subseteq \Omega(1; \xi)$.

(2) $\forall \omega \in \Omega(x; \xi)$, 有 $x \in \xi(\omega)$. 由于 $x \leqslant y$, 则 $x \to y = 1 \in \xi(\omega)$. 注意到 $\tilde{H}$ 是 X 的落影模糊演绎系统, 有 $y \in \Omega(x; \xi)$, 即 $\omega \in \Omega(y; \xi)$. 因此, $\Omega(x; \xi) \subseteq \Omega(y; \xi)$. ■

定理 5.21 设 $\tilde{H}$ 是随机集 $\xi : \Omega \to P(X)$ 的落影. 若 $\tilde{H}$ 是 X 的模糊稳定子集, 则 $\tilde{H}$ 是 X 的落影模糊演绎系统当且仅当 $\forall x, y, z \in X, x \to (y \to z) = 1$ 蕴涵 $\Omega(x; \xi) \cap \Omega(y; \xi) \subseteq \Omega(z; \xi)$.

证明 设 $\tilde{H}$ 是 X 的落影模糊理想, $x, y, z \in X$ 且满足 $x \to (y \to z) = 1$. 则 $\forall \omega \in \Omega(x; \xi) \cap \Omega(y; \xi)$, 有 $x \in \xi(\omega), y \in \xi(\omega)$. 又由 $1 \in \xi(\omega)$, 根据演绎系统的定义知 $z \in \xi(\omega)$, 即 $\omega \in \Omega(z; \xi)$. 所以,

$$\Omega(x; \xi) \cap \Omega(y; \xi) \subseteq (z; \xi).$$

反之, 设 $x, y \in X$ 使得 $x \in \xi(\omega)$ 和 $x \to y \in \xi(\omega)$, 则 $\omega \in \Omega(x; \xi) \cap \Omega(x \to y; \xi)$. 由于 $x \to ((x \to y) \to y) = 1$, 根据假设知 $\Omega(x; \xi) \cap \Omega(x \to y; \xi) \subseteq \Omega(y; \xi)$. 从而有

$\omega \in \Omega(y;\xi)$, 即 $y \in \xi(\omega)$. 因此, $\xi(\omega)$ 是 X 的演绎系统. 又由 ω 的任意性知, $\tilde{H}$ 是 X 的落影模糊演绎系统. ∎

定理 5.22 设 $\tilde{H}$ 是随机集 $\xi: \Omega \to P(X)$ 的落影, 则 $\tilde{H}$ 是 X 的落影模糊演绎系统当且仅当 $\forall x, y \in X$,

(1) $\Omega(x;\xi) \cup \Omega(y;\xi) \subseteq \Omega(xy;\xi)$;

(2) $\Omega(x;\xi) \cap \Omega(x \to y;\xi) \subseteq \Omega(y;\xi)$.

证明 设 $\omega \in \Omega(x;\xi) \cup \Omega(y;\xi)$, 不妨设 $\omega \in \Omega(x;\xi)$, 则 $x \in \xi(\omega)$. 由于 $\tilde{H}$ 是 X 的落影模糊演绎系统, 则 $\xi(\omega)$ 是 X 的演绎系统, 从而 $xy \in \xi(\omega)$, 即 $\omega \in \Omega(xy;\xi)$. 因此 $\Omega(x;\xi) \cup \Omega(y;\xi) \subseteq \Omega(xy;\xi)$. 对 $\forall \omega \in \Omega(x;\xi) \cap \Omega(x \to y;\xi)$, 则 $x \in \xi(\omega), x \to y \in \xi(\omega)$. 又由 $\xi(\omega)$ 是 X 的演绎系统知,$y \in \xi(\omega)$, 即 $\omega \in \Omega(y;\xi)$. 因此, $\Omega(x;\xi) \cap \Omega(x \to y;\xi) \subseteq \Omega(y;\xi)$.

反之, 要证 $\tilde{H}$ 是 X 的落影模糊演绎系统, 只需证明 $\forall \omega \in \Omega, \xi(\omega)$ 是 X 的演绎系统. $\forall \omega \in \Omega$, 设 $x, y \in X$. 若 $x \in \xi(\omega)$, 则 $\omega \in \Omega(x;\xi) \cup \Omega(y;\xi)$. 从而有 $\omega \in \Omega(xy;\xi)$, 即 $xy \in \xi(\omega)$. 若 $y \in \xi(\omega)$, 类似地, 可以证明 $xy \in \xi(\omega)$. 因此, $\xi(\omega)$ 是 X 的稳定子集. $\forall x, y \in X$, 若 $x \in \xi(\omega), x \to y \in \xi(\omega)$, 则 $\omega \in \Omega(x;\xi) \cap \Omega(x \to y;\xi) \subseteq \Omega(y;\xi)$. 因此 $y \in \xi(\omega)$. 综上可知, $\xi(\omega)$ 是 X 的演绎系统. ∎

定理 5.23 设随机集 $\xi: \Omega \to P(X)$ 的落影 $\tilde{H}$ 是 X 的落影模糊演绎系统, 则 $\forall x, y \in X$, 下列关系成立:

(1) $\tilde{H}(xy) \geqslant T_m(\tilde{H}(x), \tilde{H}(y))$;

(2) $\tilde{H}(y) \geqslant T_m(\tilde{H}(x), \tilde{H}(x \to y))$;

其中 $T_m(s,t) = \max\{s+t-1, 0\}$ 为 Lukasiewicz t 模, 这里 $s, t \in [0,1]$.

证明 (1) 由定理 5.22 知,

$$\forall x, y \in X, \Omega(x;\xi) \cup \Omega(y;\xi) \subseteq \Omega(xy;\xi),$$

即

$$\{\omega \in \Omega | x \in \xi(\omega)\} \cup \{\omega \in \Omega | y \in \xi(\omega)\} \subseteq \{\omega \in \Omega | xy \in \xi(\omega)\}.$$

故

$$\tilde{H}(xy) = P(\omega | xy \in \xi(\omega)) \geqslant P(\{\omega | x \in \xi(\omega)\} \cup \{\omega | y \in \xi(\omega)\})$$
$$\geqslant P(\omega | x \in \xi(\omega)) + P(\omega | y \in \xi(\omega)) - P(\omega | x \in \xi(\omega)$$

且

$$y \in \xi(\omega)) \geqslant \tilde{H}(x) + \tilde{H}(y) - 1.$$

又因为 $\tilde{H}(xy) \geqslant 0$, 所以

$$\tilde{H}(x) \geqslant T_m(\tilde{H}(x), \tilde{H}(y)).$$

(2) 由定理 5.22 知,

$$\forall x, y \in X, \Omega(x; \xi) \cap \Omega(x \to y; \xi) \subseteq \Omega(y; \xi),$$

即

$$\{\omega \in \Omega | x \in \xi(\omega)\} \cap \{\omega \in \Omega | x \to y \in \xi(\omega)\} \subseteq \{\xi \in \Omega | y \in \xi(\omega)\}.$$

因此,

$$\tilde{H}(y) = P(\omega | y \in \xi(\omega)) \geqslant P(\{\omega | x \in \xi(\omega)\} \cap \{\omega | x \to y \in \xi(\omega)\})$$
$$\geqslant P(\omega | x \in \xi(\omega)) + P(\omega | x \to y \in \xi(\omega)) - P(\omega | x \in \xi(\omega))$$

或

$$x \to y \in \xi(\omega) \geqslant \tilde{H}(x) + \tilde{H}(x \to y) - 1.$$

又 $\tilde{H}(y) > 0$, 所以

$$\tilde{H}(y) \leqslant T_m(\tilde{H}(x), \tilde{H}(x \to y)).$$ ■

上述定理表明, 落影模糊演绎系统是 T_m 模糊演绎系统. 下面给出落影模糊演绎系统成为模糊演绎系统的条件.

命题 5.13　设随机集 $\xi : \Omega \to P(X)$ 的落影 $\tilde{H}$ 是 X 的落影模糊演绎系统. 若 $\forall x, y \in X, \Omega(x; \xi) \subseteq \Omega(y; \xi)$ 或 $\Omega(x; \xi) \subseteq \Omega(x; \xi)$, 则 $\tilde{H}$ 是 X 的模糊演绎系统.

证明　$\forall x, y \in X$, 有 $\Omega(x; \xi) \subseteq \Omega(y; \xi)$ 或 $\Omega(y; \xi) \subseteq \Omega(x; \xi)$. 若 $\Omega(x; \xi) \subseteq \Omega(y; \xi)$, 则

$$\tilde{H}(xy) = P(\omega | xy \in \xi(\omega)) \geqslant P(\{\omega | x \in \xi(\omega)\} \cup \{\omega | y \in \xi(\omega)\})$$
$$= P(\omega | x \in \xi(\omega)) = \tilde{H}(x).$$

若 $\Omega(y; \xi) \subseteq \Omega(x; \xi)$, 同理可证 $\tilde{H}(xy) \geqslant \tilde{H}(y)$, 因此

$$\tilde{H}(xy) \geqslant \tilde{H}(x) \vee \tilde{H}(y).$$

$\forall x, y \in X$, 根据假设可知,

$$\Omega(x \to y; \xi) \subseteq \Omega(x; \xi)$$

或

$$\Omega(x; \xi) \subseteq \Omega(x \to y; \xi).$$

结合之前定理结果, 有

$$\Omega(x \to y; \xi) \subseteq \Omega(y; \xi)$$

或

$$\Omega(x; \xi) \subseteq \Omega(y; \xi).$$

当 $\Omega(x \to y; \xi) \subseteq \Omega(y; \xi)$ 时, 有

$$\tilde{H}(y) = P(\omega | y \in \xi(\omega)) \geqslant P\{\omega | x \to y \in \xi(\omega)\} = \tilde{H}(x \to y);$$

当 $\Omega(x; \xi) \subseteq \Omega(y; \xi)$ 时, 有

$$\tilde{H}(y) = P(\omega | y \in \xi(\omega)) \geqslant P\{\omega | x \in \xi(\omega)\} = \tilde{H}(x).$$

因此,

$$\tilde{H}(y) \geqslant \min\{\tilde{H}(x), \tilde{H}(x \to y)\},$$

故 $\tilde{H}$ 是 X 的模糊演绎系统.　　　　　　　　　　　　　　　　　　　　■

5.2　与滤子相关的几种代数结构

5.2.1　重滤子

　　n 重滤子的概念是逻辑代数中滤子一般形式的推广, 丰富和完善了逻辑代数系统中滤子的研究. Haveshki 和 Eslami 引入了 n 重 (正) 蕴涵基本逻辑和相关代数 —— n 重 (正) 蕴涵 BL 代数, 同时, 他们也定义了 n 重 (正) 蕴涵滤子并研究了这些滤子之间的关系, 提出了与逻辑相关的公开问题: "在什么条件下, 重蕴涵基本逻辑是一个 n 重正蕴涵基本逻辑?" Motamed 和 Borumand 在 BL 代数定义了 n 重固执滤子, 并研究了它和 BL 代数的其他类型的 n 重滤子之间的关系. n 重奇异 BL 代数和 BL 代数的 n 重奇异滤子的概念由 Lele 等定义. 下面我们以 n 重奇异 BL 代数和 BL 代数的 n 重奇异滤子为例, 介绍 n 重滤子.

　　定义 5.24　一个 BL 代数 A 称为 n 重奇异的, 如果对于 $x, y \in A$, $((x^n \to y) \to y) \to x = y \to x$.

　　例 5.4　令 $A = \{0, a, b, 1\}$, 定义 "⊙" 和 "→" 如下:

⊙	0	a	b	1
0	0	0	0	0
a	0	0	0	a
b	0	0	a	b
1	0	a	b	1

$\rightarrow$	0	a	b	1
0	1	1	1	1
a	b	1	1	1
b	a	b	1	1
1	0	a	b	1

可以验证 A 是一个 n 重奇异 BL 代数, 其中 $n \geqslant 2$.

定理 5.24 任意 n 重奇异 BL 代数都是 m 重奇异 BL 代数, 其中 $m \geqslant n$.

证明 令 A 是一个 n 重奇异 BL 代数且 $m \geqslant n$, 则有

$$\text{对于 } x, y \in A, \quad ((x^n \rightarrow y) \rightarrow y) \rightarrow x = y \rightarrow x.$$

因为 $x^m \leqslant x^n$, 所以

$$y \rightarrow x = ((x^n \rightarrow y) \rightarrow y) \rightarrow x \leqslant ((x^m \rightarrow y) \rightarrow y) \rightarrow x.$$

另外, 因为 $y \leqslant (x^m \rightarrow y) \rightarrow y$, 所以

$$((x^m \rightarrow y) \rightarrow y) \rightarrow x \leqslant y \rightarrow x,$$

故

$$((x^m \rightarrow y) \rightarrow y) \rightarrow x = y \rightarrow x,$$

即 A 是 m 重奇异 BL 代数.

同时可以验证相反的结论不成立.

n 重奇异 BL 代数, 有与之相应的更一般化的结论.

定理 5.25 对于 BL 代数 A, 以下条件等价:

(1) A 是 n 重奇异 BL 代数;

(2) $(x^n \rightarrow y) \rightarrow y \leqslant (y \rightarrow x) \rightarrow x$;

(3) $x^n \rightarrow z \leqslant y \rightarrow z, z \leqslant x \Rightarrow y \leqslant x$;

(4) $x^n \rightarrow z \leqslant y \rightarrow z, z \leqslant x, y \Rightarrow y \leqslant x$;

(5) $y \leqslant x \Rightarrow (x^n \rightarrow y) \rightarrow y \leqslant x$.

定义 5.25 BL 代数 A 的一个非空子集 F 称为 n 重奇异滤子, 如果满足条件

(1) $1 \in F$;

(2) 任意 $x, y, z \in A$,

$$z \rightarrow (y \rightarrow x) \in F, \quad z \in F \Rightarrow ((x^n \rightarrow y) \rightarrow y) \rightarrow x \in F.$$

显然, 任何 n 重奇异滤子都是滤子.

5.2.2　零化子

零化子是一类特殊的滤子 (理想), 用零化子刻画代数系统是一个有效的方法. Mandelker 将格上的相对伪补元概念进行推广, 提出了格上的相对零化子概念, 对分配格及相对 Stone 格进行了有效的刻画. 此后, Brian, Varlet 等用零化子方法进一步对分配格、模格、半格等进行了深入研究. Aslam 和 Thaheem 等引入了 BCK 代数的零化子和广义零化子概念, 深入研究了 BCK 代数中的素理想及极小素理想的性质. Abujabal 等提出了广义相对零化子, 对 BCK 代数的素理想及商代数进行了深入的刻画. 在 BL 代数中, Turunen 提出了对偶零化子的概念, 证明了它是滤子, 并研究了对偶零化子的初步性质. Haveshi, Sambasiva Rao, Kondo 等分别在 R_l-幺半群、C-代数、剩余格中提出零化子 (扩张滤子) 概念, 有效地刻画了这些代数系统的结构. 以下我们以 BL 代数为例, 简介其上的相关零化子概念.

下面了解一下 BL 代数的零化子、BL 代数的相对弱零化子及 BL 代数的陪零化子.

定义 5.26　对 $a, b \in A$, 集合 $(a : b) = \{x \in A | a^n \leqslant b \vee x,$ 存在 $n \in N\}$ 称为 a 相对于 b 的弱零化子.

命题 5.14　BL 代数的相对弱零化子是滤子.

定义 5.27　对 A 的非空集合 X, 集合 $X^\perp = \{x \in A | a \vee x = 1,$ 对于所有 $a \in X\}$ 称为 A 的一个陪零化子.

命题 5.15　若 $X \subseteq Y$, 则 $Y^\perp \subseteq X^\perp$.

命题 5.16　设 A 的非空集合 X, 则 $X^\perp$ 是 A 的滤子.

命题 5.17　对于 A 的非空集合 X, 以下性质成立:

(1) $X \subseteq X^{\perp\perp\perp}$.

(2) $X^\perp = X^{\perp\perp\perp}$.

(3) $X^\perp = \langle X \rangle^\perp$.

对任意 $x \in A$, 定义集合 $D^a = \{x \in A | x \to a = a, a \to x = x\}$. 易知 $x \in D^a$ 当且仅当 $a \in D^x$.

命题 5.18　A 的余零化子 $X^\perp$ 是 A 的滤子. 若 $X \neq \{1\}$, 其为真滤子.

命题 5.19　对于 A 中的任何元素 x, D^x 是 A 的滤子, 且 $D^x = \{x\}^\perp$.

命题 5.20　如果 ord $(a) < \infty$, 则 $D^a = 1$.

命题 5.21　对于 A 的任意非空子集 X, $X^\perp = \bigcap_{x \in X} D^x = \bigcap_{x \in X} \{x\}^\perp$.

命题 5.22　对于 A 的任意非空子集 X, $\langle X \rangle \cap X^\perp = \{1\}$. 特别地, 对于任意 $x \in A$, $D^x \cap \langle x \rangle = \{1\}$, 且若 F 是 A 的滤子, 则 $F \cap F^\perp = \{1\}$.

命题 5.23 若 $A^{\perp}$ 是素滤子, $a, b \in A$, 则对于任意 $x \in A$, $x \in D^{a \to b}$ 或 $x \in D^{b \to a}$.

命题 5.24 令 F 是 A 的滤子. 则 $F^{\perp}$ 是素滤子当且仅当 F 是线性的, 且 $A \neq \{1\}$.

5.2.3 稳定子

自 Haveshki 和 Mohamadhasani[148] 提出了 BL 代数中左稳定子的概念, 这种想法已经应用于各种代数结构. 这里我们引入 BL 代数中右稳定子的概念并讨论了它们与滤子之间的关系.

定义 5.28 设 X, Y 为 BL 代数 A 的子集, X 的稳定子 $\bar{X}$ 定义为集合

$$\bar{X} = \{a \in A \mid a \to x = x, \text{ 对于所有 } x \in X\}.$$

x 关于 Y 的稳定子 $X_{,}^{-}Y$ 为集合

$$X_{,}^{-}Y = \{a \in A \mid (a \to x) \to x \in Y, \text{ 对于所有 } x \in X\}.$$

命题 5.25 令 X, Y 为 BL 代数 A 的子集, 则有

(1) $X \subseteq Y \Rightarrow \bar{Y} \subseteq \bar{X}$;

(2) $\bar{1} = A, \bar{A} = 1$;

(3) $\bar{X} = \bigcap \{\bar{x} \mid x \in X\}$.

定理 5.26 令 X 为 BL 代数 A 的子集, 则 $\bar{X}$ 是 A 的滤子.

定理 5.27 令 F, G 为 BL 代数 A 的滤子, 则 $X_{,}^{-}Y$ 是 A 的滤子.

定理 5.28 令 F, G 为 BL 代数 A 的滤子, X 为 BL 代数 A 的子集, 则

(1) 如果 $F \subseteq X$, 则 $X_{,}^{-}Y = A$;

(2) 如果 $F_{,}^{-}G = A$, 则 $F = G$;

(3) $F_{,}^{-}F = A$;

(4) $X \subseteq X_{,}^{-}G$;

(5) $X_{,}^{-}1 = \bar{X}$;

(6) $1_{,}^{-}\bar{G} = A$.

X_l, Xr 分别称为 X 的左右稳定子. 集合 $Xs = X_l \cap Xr$ 称为 X 的稳定子.

5.3 其他类型的滤子

在逻辑代数中, 还有其他一些与滤子相关的代数结构, 简述如下.

定理 5.29 设 F 是 BL 代数 A 的滤子. 则得到

(1) $D(F)$ 是 A 的滤子;

(2) $F \subseteq D(F)$;

(3) F 是 A 的真滤子当且仅当 $D(F)$ 是 A 的真滤子.

定理 5.30　设 F 是 BL 代数 A 的滤子. F 是正规滤子当且仅当 $F = D(F)$ 时 (或简单地 $D(F) \subseteq F$).

关于滤子的其他形式还有: 粗糙理论与逻辑代数的滤子理论相结合得到粗糙滤子, 软集理论与逻辑代数的滤子理论相结合得到软滤子, 逻辑代数中滤子与 Vague 集结合的逻辑代数的 v-滤子等, 读者有兴趣可参阅相关文献.

第6章

逻辑代数滤子的应用

滤子对于逻辑代数完备性的证明, 发挥了巨大的作用. 限于篇幅, 读者可参阅相关文献. 本章我们除讨论逻辑代数滤子与相应逻辑代数的结构之间的有趣关系外, 还讨论了逻辑代数滤子的信息化应用, 这将是逻辑代数信息化应用的重要方向. 相关文献请参阅 [20, 126, 133-147].

6.1 逻辑代数与相应滤子的关系

逻辑代数滤子的一个重要应用就是找到它的滤子和代数之间的关系, 这是通过理想滤子研究相应逻辑代数的核心思想.

例如在这方面, 我们已经有以下结论.

1. 逻辑代数的商集与相应滤子的关系

定理 6.1 在 BL 代数 A 中, F 是一个滤子, 则

(1) F 是奇异涵子当且仅当 A/F 是 MV 代数;

(2) F 是蕴涵涵子当且仅当 A/F 是 Gödel 代数;

(3) F 是布尔涵子 (或等价的正蕴涵滤子) 当且仅当 A/F 是布尔代数.

2. 逻辑代数与 $\{1\}$ 滤子的关系

定理 6.2 在任何 BL 代数 A 中, 以下是等价的:

(1) A 是一个 Heyting 代数;

(2) A 的每一个滤子是蕴涵滤子;

(3) $\{1\}$ 是蕴涵滤子.

定理 6.3　在任何 BL 代数 A 中, 以下是等价的:

(1) A 是一个 MV 代数;

(2) A 的每一个滤子是奇异滤子;

(3) $\{1\}$ 是奇异滤子.

定理 6.4　在任何 BL 代数 A 中, 以下是等价的:

(1) $\{1\}$ 是正蕴涵滤子;

(2) A 的每一个滤子是正蕴涵滤子;

(3) $A(a) = \{x \in A | a \leqslant x\}$ 是一个正蕴涵滤子, 对于任意 $a \in A$;

(4) $(x \to y) \to x = x$, 对于任意 $x, y \in A$;

(5) A 是一个布尔代数.

下面我们以布尔 D 偏序集中的幂等理想及幂等布尔 D 偏序集的关系讨论, 说明这个问题.

布尔 D 偏序集由 Chovanec 和 Kopak 提出, 是 D 偏序集和 D 格的重要子类, 和 MV 代数、效应代数等之间联系密切. Foulis 和 Bennett 证明了 D 偏序集和效应代数之间的等价性. 在研究代数结构中理想滤子理论同样起着重要作用, Kopka, Chovanec 和 Kopak 在 D 偏序集中定义并讨论了理想和滤子. 这里, 我们通过一类特殊的理想 —— 布尔 D 偏序集幂等理想及通过理想构造布尔 D 偏序集的商集、幂等布尔 D 偏序集这一概念, 建立了布尔 D 偏序集成为幂等的布尔 D 偏序集的一些等价的条件.

我们先回顾一下布尔 D 偏序集相关知识.

定义 6.1　设 P 是具有最小元素 0 和最大元素 1 的偏序集. 令 $\ominus$ 为 P 上的二元运算, 对于任意 $x, y, z \in P$, 满足以下条件:

(1) $x \ominus 0 = x$;

(2) 如果 $x \leqslant y$, 那么 $z \ominus y \leqslant z \ominus x$;

(3) $(z \ominus x) \ominus y = (z \ominus y) \ominus x$;

(4) $y \ominus (y \ominus x) = x \ominus (x \ominus y)$.

则称代数系统 $(P; \ominus, 0, 1)$ 为布尔 D 偏序集.

在下文中, P 总是表示布尔 D 偏序集.

对于任意 $x, y, z \in P$, 我们标记 $Nx = 1 \ominus x$, 并且定义 $x \circ y = N(Nx \ominus y)$ 及 $x^2 = x \circ x$.

命题 6.1　对于任意 $x, y, z \in P$, 以下性质成立:

(1) $y \ominus x \leqslant y$;

(2) $x \ominus x = 0$;

(3) 如果 $x \leqslant y$, 那么 $x \ominus y = 0$;

(4) $(z \ominus x) \ominus (z \ominus y) = (y \ominus x) \ominus (y \ominus z) \leqslant y \ominus x$;

(5) 如果 $x \leqslant y \leqslant z$, 那么 $z \ominus y \leqslant z \ominus x$ 及 $(z \ominus x) \ominus (z \ominus y) = y \ominus x$;

(6) 如果 $x \leqslant y$, 那么 $y \ominus (y \ominus x) = x$;

(7) 如果 $y \leqslant z$, 那么 $y \ominus x \leqslant z \ominus x$;

(8) 如果 $y \leqslant z$, 那么 $(z \ominus x) \ominus (y \ominus x) = (z \ominus y) \ominus ((x \ominus y) \ominus (x \ominus z))$;

(9) 如果 $y \ominus x = 0$ 及 $x \ominus y = 0$, 那么 $x = y$;

(10) 如果 $x \leqslant y, z$ 及 $z \ominus x = y \ominus x$, 那么 $y = z$;

(11) $x \ominus y = 0$ 当且仅当 $x \leqslant y$;

(12) $x \ominus y \leqslant z$ 蕴涵 $x \ominus z \leqslant y$;

(13) $(x \ominus z) \ominus (y \ominus z) \leqslant x \ominus y$;

(14) $x \circ y = y \circ x, (x \circ y) \circ z = x \circ (y \circ z)$;

(15) $(x \ominus y) \ominus z = x \ominus (y \circ z)$;

(16) $x \leqslant (x \ominus y) \circ y$;

(17) $x \ominus y \leqslant z$ 当且仅当 $x \leqslant y \circ z$;

(18) $(x \circ y) \ominus x \leqslant y$;

(19) $x, y \leqslant x \circ y$.

如果 Q 是 P 的非空子集并且 $\ominus$ 在 Q 上封闭, 则很明显 $(Q; \ominus, 0, 1)$ (简称 Q) 也是布尔 D 偏序集, 称为布尔子 D 偏序集.

下面我们引入并讨论布尔 D 偏序集中的理想, 研究一些重要的性质.

定义 6.2[131]   令 I 为 P 的非空子集. I 称为 P 的理想, 如果对于任何 $x, y \in P$, 非空子集 I 满足

(1) $0 \in I$;

(2) $x \ominus y \in I$ 且 $y \in I$ 有 $x \in I$.

显然0和 I 是 P 的两个理想, 如果 $1 \in I$, 理想 I 是真的. 容易证明 P 的每个理想都是布尔子 D 偏序集.

我们注意到上面的定义等价于

(3) $x \leqslant y$ 和 $y \in I$ 则 $x \in I$;

(4) $x \ominus y \in I$ 和 $y \in I$ 意味着 $x \in I$.

接下来我们给出理想的等价条件.

定理 6.5　令 I 为 P 的非空子集, 则 I 是 P 的理想当且仅当对于任何 $x, y, z \in P, x, y \in I$ 和 $(z \ominus x) \ominus y = 0$ 蕴涵 $z \in I$ 或等价地, $x, y \in I$ 和 $(z \ominus x) \leqslant y$ 意味着 $z \in I$.

证明　唯一性易证. 现在令 $z = 0$, 则

$$(0 \ominus x) \ominus y = 0,$$

即 $0 \in I$, 定义 6.2 中的 (1) 成立. 假设对于任何 $x, y \in P, y \ominus x \in I$ 和 $x \in I$, 因为

$$(y \ominus (y \ominus x)) \ominus x = (y \ominus x) \ominus (y \ominus x) = 0,$$

那么 $y \in I$, 定义 6.2 中的 (2) 成立.　■

推论 6.1　令 I 为 P 的理想, $x, y \in P$, 则 $x \circ y \in I$ 当且仅当 $x, y \in I$.

证明　如果 $x, y \in I$, 那么由 $(x \circ y) \ominus x \leqslant y$, 可得 $x \circ y \in I$. 相反, 如果 $x \circ y \in I$, 那么由 $x, y \leqslant x \circ y$, 我们有 $x, y \in I$.　■

定理 6.6　令 I 为 P 的非空子集, 则 I 是 P 的理想当且仅当对于任何 $x, y, z \in P$,

(1) $0 \in I$;

(2) $(x \ominus y) \ominus z \in I$ 和 $z \in I$ 意味着 $x \ominus (y \ominus (y \ominus x)) \in I$.

证明　假设 I 是理想, 显然 (1) 成立. 令 $(x \ominus y) \ominus z \in I$ 和 $z \in I$, 通过定义 6.2 中的 (4) 我们得到 $x \ominus y \in I$. 所以

$$x \ominus (y \ominus (y \ominus x)) = x \ominus (x \ominus (x \ominus y)) = x \ominus y \in I.$$

(2) 成立.

相反, 假设 (1) 和 (2) 成立. 令 $(y \ominus x) \in I$ 和 $x \in I$, 则 $(y \ominus 0) \ominus x \in I$ 和 $x \in I$. 通过 (2) 我们得到

$$y = y \ominus (0 \ominus (0 \ominus y)) \in I.$$

因此, I 是一个理想.　■

接下来通过理想给出商代数.

设 I 是 P 的理想. 我们在 P 上定义二元关系 $\sim_I$, 如下所示: 对于任何 $x, y \in P, x \sim_I y$ 当且仅当 $x \ominus y \in I$ 和 $y \ominus x \in I$.

定义 6.3　P 上的二元关系 $\sim$ 是同余关系, 当且仅当它满足, 对于任何 $x, y, u, v \in P$,

(1) $\sim$ 是 P 的等价关系;

(2) 如果 $x \sim y, u \sim v$, 那么 $x \ominus u \sim y \ominus v$.

定理 6.7 令 I 为 P 的理想, 则二元关系 $\sim_I$ 是 P 上的同余关系.

证明 首先证明关系 $\sim_I$ 是 P 的等价关系. 自反性和对称性是显而易见的, 我们只证明传递性. 设 $x \sim_I y$ 和 $y \sim_I z$, 那么

$$x \ominus y \in I \text{ 和 } y \ominus x \in I, \quad y \ominus z \in I \text{ 和 } z \ominus y \in I.$$

因为

$$(x \ominus z) \ominus (x \ominus y) = (y \ominus z) \ominus (y \ominus x) \ominus z \in I.$$

通过定义 6.2 中的 (3) 我们得到 $x \ominus z \in I$. 类似地,$z \ominus x \in I$, 所以 $x \sim_I z$. 因此 $\sim_I$ 是 P 的一个等价关系.

现在令 $x \sim_I y, u \sim_I v$, 则

$$(x \ominus u) \ominus (x \ominus v) \leqslant v \ominus u \in I, \quad (x \ominus v) \ominus (x \ominus u) \leqslant u \ominus v \in I.$$

于是

$$(x \ominus u) \ominus (x \ominus v) \in I, \quad (x \ominus v) \ominus (x \ominus u) \in I.$$

所以 $x \ominus u \sim_I x \ominus v$. 由命题 6.1 中的 (13) 可知

$$(x \ominus v) \ominus (y \ominus v) \leqslant x \ominus y \in I, \quad (y \ominus v) \ominus (x \ominus v) \leqslant y \ominus x \in I.$$

同样我们有 $x \ominus v \sim_I y \ominus v$. 由 $\sim_I$ 的传递性, 有 $x \ominus u \sim_I y \ominus v$. 因此关系 $\sim_I$ 是 P 的同余关系. ∎

我们用 $I(x)$ 表示包含 x 的等价类, 则 $I = I(0)$. 事实上, 如果 $x \in I$, 那么

$$x \ominus 0 = x \in I \text{ 且 } 0 \ominus x = 0 \in I,$$

所以 $x \sim_I 0$. 相反, 令 $x \in I(0)$, 则 $x \sim_I 0$, 所以 $x = x \ominus 0 \in I$. 因此 $I = I(0)$. 令 $P/I = \{I(x) : x \in P\}$. 对于任何 $x, y \in P$, 我们定义 $I(x) \ominus I(y) = I(x \ominus y)$. 由之前定理可知这个定义是良定的.

定理 6.8 令 I 为 P 的理想, 则 $(P/I; \ominus, I(0), P)$ 是布尔 D 偏序集. 我们称它为 P 通过 I 的商集.

证明 假设 I 是 P 的理想, 我们定义 $I(a) \leqslant I(b)$ 当且仅当 $a \leqslant b$. 显然, $(P/I; \ominus, I(0), P)$ 是一个有界的偏序集, $I(0) = I$ 是最小元, 而 P 是最大元. P/I 易证为布尔 D 偏序集. ∎

下面, 我们给出了 P 的理想及其商代数 P/I 的一些性质.

定理 6.9 如果 I 和 J 是 P 的理想, 且 $I \subseteq J$, 那么

(1) I 也是布尔子 D 偏序集 J 的理想;

(2) J/I 是 P/I 的理想.

证明 (1) 很明显, 我们只证明 (2). 首先, 我们以 $I_J(x)$ 表示 J/I 中包含 x 的元素. 令 $y \in P$ 和 $x \in J$. 如果 $x \sim_I y$, 那么 $y \ominus x \in I$, 所以 $y \ominus x \in J$. 由 (1) 我们得到 $y \in J$. 因此 $I_J(x) \in P/I$ 或 J/I 的每个元素也是 P/I 的元素. 接下来, 如果 $I(y) \ominus I(x) \in J/I$ 和 $I(x) \in J/I$, 则由商集定义, $I(y \ominus x) \in J/I$. 由此得出 $y \ominus x \in J$ 且 $x \in J$, 因此 $y \in J$. $I(y) \in J/I$. 所以 J/I 是 P/I 的理想. ■

定理 6.10 如果 J^* 是 P/I 的理想, 则 $J = \bigcup \{I(x) : I(x) \in J^*\}$ 是 P 的理想和 $I \subseteq J$.

证明 因为 $I \in J^*, 0 \in I$ 和 $I \subseteq J$. 令 $y \ominus x \in J$ 和 $x \in J$, 则 $I(y) \ominus I(x) = I(y \ominus x) \in J^*$ 和 $I(x) \in J^*$, 通过定义 6.2 中的 (2) 我们得到 $I(y) \in J^*$ 和 $y \in J$. 这表明 J 是 P 的理想. ■

下面, 我们介绍一类重要的布尔 D 偏序集理想 —— 幂等理想, 并研究其一些重要的属性.

定义 6.4 令 I 为 P 的理想. I 称为是一个幂等理想, 如果它对于任何 $x \in P$, 满足 $x^2 \ominus x \in I$.

从定义中可以清楚地发现以下结论成立.

定理 6.11 令 I 和 K 为 P 的理想且 $I \subseteq K$. 如果 I 是一个幂等理想, K 也是如此.

定理 6.12 令 I 为 P 的非空子集, 则 I 是 P 的一个幂等理想当且仅当它满足对于任何 $x, y, z \in P$,

(1) $0 \in I$;

(2) $(x \ominus y) \ominus z \in I$ 和 $y \ominus z \in I$ 意味着 $x \ominus z \in I$.

证明 假设 I 满足 (1) 和 (2). 在 (2) 中, 令 $z = 0$, 我们得到 $x \ominus y \in I$ 和 $y \in I$ 意味着 $x \in I$. 这表明 I 是 P 的理想. 因为 $[(x \circ x) \ominus x] \ominus x = 0 \in I$ 和 $x \ominus x = 0 \in I$, 由此得 $(x \circ x) \ominus x \in I$. 因此 I 是 P 的幂等理想.

假设 I 是 P 的幂等理想. 因为 I 是 P 的理想, (1) 成立. 令 $(x \ominus y) \ominus z \in I, y \ominus z \in I$. 从推论 6.1 得出

$$((x \ominus y) \ominus z) \ominus (y \ominus z) \in I.$$

此外, 因为

$$(x \ominus z) \ominus [x \ominus (z \circ z)] \leqslant (z \circ z) \ominus z \in I,$$

我们有 $x \ominus z \in I$. 计算

$$[((x \ominus y) \ominus z) \circ (y \ominus z)] \circ z^2 = [((x \ominus y) \ominus z) \circ z] \circ [(y \ominus z) \circ z] \geqslant (x \ominus y) \circ y \geqslant x,$$

通过命题 6.1 中的 (17) 我们得到

$$((x \ominus y) \ominus z) \circ (y \ominus z) \geqslant x \ominus z^2,$$

所以

$$x \ominus z^2 \in I.$$

因为 $(x \ominus z) \ominus (x \ominus z^2) \leqslant z^2 \ominus z$, 由此得到

$$x \ominus z \leqslant (x \ominus z^2) \circ (z^2 \ominus z) \in I,$$

因此

$$x \ominus z \in I.$$

(2) 成立. ■

下面, 我们给出了幂等理想的一些等价条件.

定理 6.13 令 I 为 P 的理想, 则 I 是一个幂等的理想当且仅当对于任何 $a \in P$, 集合 $A_I(a) = \{b \in P : b \ominus a \in I\}$ 是 P 的理想.

证明 假设 I 是一个幂等理想, 并且 $b \ominus c \in A_I(a), c \in A_I(a)$, 那么

$$(b \ominus c) \ominus a \in I, \quad c \ominus a \in I.$$

通过定理 6.12 中的 (2) 我们得到 $b \ominus a \in I$, 即 $b \in A_I(a)$. 很明显 $0 \in A_I(a)$, 所以 $A_I(a)$ 是 P 的理想.

相反, 假设对于任何 $a \in P, A_I(a)$ 是 P 的理想. 如果

$$(b \ominus c) \ominus a \in I, \quad c \ominus a \in I,$$

则

$$b \ominus c \in A_I(a), \quad c \in A_I(a).$$

由于 $A_I(a)$ 是 P 的理想, 所以 $b \in A_I(a)$, 因此 $b \ominus a \in I$. 根据之前定理, I 是 P 的幂等理想. ■

推论 6.2   如果 I 是 P 的幂等理想, 那么对于任何 $a \in P$, $A_I(a)$ 就是包含 I 和 a 的最小理想.

证明   显然, $A_I(a)$ 包含 I 和 a. 如果 B 是包含 I 和 a 的任何理想, 对于所有 $b \in A_I(a)$, $b \ominus a \in I$. 由此得 $b \ominus a \in B$ 和 $a \in B$, 因此 $b \in B$. 这表明 $A_I(a)$ 是包含 I 和 a 的最小理想.   ■

定理 6.14   令 I 为 P 的非空子集, 则对于任何 $x, y, z \in P$, 以下是等价的:

(1) I 是 P 的幂等理想;

(2) I 是理想, 并且 $(x \ominus y) \ominus y \in I$ 蕴涵 $x \ominus y \in I$;

(3) $0 \in I$ 和 $((x \ominus y) \ominus y) \ominus z \in I, z \in I$ 意味着 $x \ominus y \in I$.

证明   (1) $\Rightarrow$ (2). 假设 I 是 P 的幂等理想, 那么 I 就是理想. 令 $(x \ominus y) \ominus y \in I$. 由于 $y \ominus y = 0 \in I$, 因此由前结果 $x \ominus y \in I$. (2) 成立.

(2) $\Rightarrow$ (3). 假设 (2) 成立. 显然, $0 \in I$. 令 $((x \ominus y) \ominus y) \ominus z \in I$ 和 $z \in I$. 由于 I 是 P 的理想, 我们得到 $(x \ominus y) \ominus y \in I$. 由 (2), $x \ominus y \in I$. (3) 成立.

(3) $\Rightarrow$ (1). 假设 (3) 成立. 首先我们注意到 I 是 P 的理想. 事实上, 假设 $x \ominus y \in I$ 和 $y \in I$, 则 $(x \ominus y) = ((x \ominus 0) \ominus 0) \ominus y \in I$ 和 $y \in I$.

通过 (3) 有 $x = x \ominus 0 \in I$, 也就是说, I 是理想. 接下来令 $(x \ominus y) \ominus z \in I$ 和 $y \ominus z \in I$. 因为

$$((x \ominus z) \ominus z) \ominus (y \ominus z) \leqslant (x \ominus y) \ominus z \in I,$$

由此得

$$((x \ominus z) \ominus z) \ominus (y \ominus z) \in I.$$

结合 $y \ominus z \in I$ 和 (3), 我们得到 $x \ominus z \in I$, 因此 I 是 P 的一个幂等理想.   ■

定义 6.5   布尔 D 偏序集 P 称为幂等的, 如果满足对所有 $x \in P, x^2 = x$.

定理 6.15   令 I 为 P 的非空子集, 则 I 是 P 的一个幂等理想当且仅当商集 $(P/I; \ominus, I(0), I(1))$ 是幂等布尔 D 偏序集, 此处 $I(0) = I$.

证明   通过之前的定理, 我们知道 $(P/I; \ominus, I(0), I(1))$ 是幂等的布尔 D 偏序集. 由此证明每个元素 $I(x) \in P/I$ 是幂等的. 事实上,

$$(I(x))^2 \ominus I(x) = I(x^2) \ominus I(x) = I(x^2 \ominus x) = I(0).$$

因此 $(I(x))^2 \leqslant I(x)$. 由 $x \leqslant x^2$ 得出 $I(x) \leqslant (I(x))^2$, 因此 $(I(x))^2 = I(x)$. 这表明 P/I 是幂等的.

相反, 假设 $(P/I; \ominus, I(0), I(1))$ 是幂等布尔 D 偏序集, 那么 $\{I(0)\}$ 是 P/I 的幂等理想. 如果 $(x \ominus y) \ominus y \in I$, 那么就有

$$(I(x) \ominus I(y)) \ominus I(y) = I((x \ominus y) \ominus y) = I(0) \in \{I(0)\}.$$

根据之前的定理, 我们得到 $I(x) \ominus I(y) \in \{I(0)\}$. 这相当于 $x \ominus y \in I$. 因此 I 是 P 的幂等理想. ■

根据前面的定理, 我们发现研究幂等布尔 D 偏序集是有意义的. 下面来看幂等布尔 D 偏序集.

定理 6.16 设 P 是布尔 D 偏序集, 则以下是等价的:

(1) 理想的 $\{0\}$ 是 P 的幂等理想;

(2) P 是幂等布尔 D 偏序集;

(3) P 的每个理想都是幂等的.

证明 由于 $P/\{0\} \cong P$, 从之前的定理得出 (1) $\Leftrightarrow$ (2).

(2) $\Leftrightarrow$ (3) 是明显的. ■

为了进一步研究, 我们需要以下结论.

引理 6.1 对于任何 $x, y \in P$, 以下不等式成立:

$$(x \ominus (x \ominus y)) \ominus (y \ominus x) \leqslant x \ominus (x \ominus (y \ominus (y \ominus x))).$$

证明 因为

$$[(x \ominus (x \ominus y)) \ominus (y \ominus x)] \ominus [x \ominus (x \ominus (y \ominus (y \ominus x)))]$$
$$= \{[x \ominus (x \ominus (x \ominus (y \ominus (y \ominus x))))] \ominus (x \ominus y)\} \ominus (y \ominus x)$$
$$= \{[x \ominus (y \ominus (y \ominus x))] \ominus (x \ominus y)\} \ominus (y \ominus x)$$
$$\leqslant [y \ominus (y \ominus (y \ominus x))] \ominus (y \ominus x)$$
$$= 0,$$

我们有 $(x \ominus (x \ominus y)) \ominus (y \ominus x) \leqslant x \ominus (x \ominus (y \ominus (y \ominus x)))$. ■

下面, 我们给出幂等布尔 D 偏序集的其他等价条件.

定理 6.17 对于任何 $x, y, z \in P$, 以下条件是等价的:

(1) P 是幂等的;

(2) $x \ominus y = (x \ominus y) \ominus y$;

(3) $(x \ominus z) \ominus (y \ominus z) = (x \ominus y) \ominus z$;

(4) $(x \ominus (x \ominus y)) \ominus (y \ominus x) = x \ominus (x \ominus (y \ominus (y \ominus x)))$;

(5) $x \ominus y = (x \ominus y) \ominus (x \ominus (x \ominus y))$;

(6) $x \ominus (x \ominus y) = (x \ominus (x \ominus y)) \ominus (x \ominus y)$;

(7) $(x \ominus (x \ominus y)) \ominus (y \ominus x) = (y \ominus (y \ominus x)) \ominus (x \ominus y)$;

(8) $(x \ominus y) \ominus z = 0$ 蕴涵 $(x \ominus y) \ominus (y \ominus z) = 0$;

(9) $(x \ominus y) \ominus y = 0$ 蕴涵 $x \ominus y = 0$.

证明　(1) $\Rightarrow$ (2). 通过之前的引理我们有

$$x \ominus y = x \ominus y^2 = (x \ominus y) \ominus y,$$

即证 (2).

(2) $\Rightarrow$ (3). 计算

$$(x \ominus z) \ominus (y \ominus z) = [(x \ominus z) \ominus z] \ominus (y \ominus z) \leqslant (x \ominus z) \ominus y = (x \ominus y) \ominus z,$$

反向不等式是平凡的. (3) 成立.

(3) $\Rightarrow$ (1). 通过 (3) 有

$$x \circ x = N(Nx \ominus x) = N[(1 \ominus x) \ominus x] = N[(1 \ominus x) \ominus (x \ominus x)] = NNx = x,$$

所以 (1) 成立.

我们已经证明了 (1) $\Leftrightarrow$ (2) $\Leftrightarrow$ (3).

(2) $\Rightarrow$ (4). 用 $x \ominus (y \ominus (y \ominus x))$ 代入 (2) 中的 y, 得到

$$
\begin{aligned}
& x \ominus (x \ominus (y \ominus (y \ominus x))) \\
&= [x \ominus (x \ominus (y \ominus (y \ominus x)))] \ominus [x \ominus (y \ominus (y \ominus x))] \\
&\leqslant [y \ominus (y \ominus x)] \ominus [x \ominus (y \ominus (y \ominus x))] \\
&\leqslant [y \ominus (y \ominus x)] \ominus (x \ominus y) \\
&= [y \ominus (x \ominus y)] \ominus (y \ominus x) \\
&= [(y \ominus (x \ominus y)) \ominus (y \ominus x)] \ominus (y \ominus x) \\
&\leqslant (x \ominus (x \ominus y)) \ominus (y \ominus x).
\end{aligned}
$$

通过引理, 反向不等式是正确的, 因此 (4) 成立.

(4) $\Rightarrow$ (5). 在 (4) 中用 $y \ominus x$ 代替 x, 得到

$$
\begin{aligned}
& [(y \ominus x) \ominus ((y \ominus x) \ominus y)] \ominus [y \ominus (y \ominus x)] \\
&= (y \ominus x) \ominus \{(y \ominus x) \ominus [y \ominus (y \ominus (y \ominus x))]\}.
\end{aligned}
$$

由此得

$$(y \ominus x) \ominus (y \ominus (y \ominus x)) = y \ominus x,$$

即证 (5).

(5) ⇔ (6). 在 (5) 中用 $x \ominus y$ 代替 y, 我们得到

$$x \ominus (x \ominus y) = (x \ominus (x \ominus y)) \ominus (x \ominus (x \ominus (x \ominus y)))$$
$$= (x \ominus (x \ominus y)) \ominus (x \ominus y),$$

(6) 成立.

(6) ⇔ (7). 通过 (6) 我们有

$$[x \ominus (x \ominus y)] \ominus (y \ominus x) = [(x \ominus (x \ominus y)) \ominus (x \ominus y)] \ominus (y \ominus x)$$
$$= [(y \ominus (y \ominus x)) \ominus (x \ominus y)] \ominus (y \ominus x)$$
$$\leqslant [y \ominus (y \ominus x)] \ominus (x \ominus y).$$

通过在上面不等式中交换 x 和 y 可以获得反向不等式, 所以 (7) 成立.

(7) ⇒ (2). 我们用 (7) 得到

$$x \ominus y = [x \ominus (x \ominus (x \ominus y))] \ominus 0$$
$$= [x \ominus (x \ominus (x \ominus y))] \ominus [(x \ominus y) \ominus x]$$
$$= [(x \ominus y) \ominus ((x \ominus y) \ominus x)] \ominus [x \ominus (x \ominus y)]$$
$$= [(x \ominus y) \ominus 0] \ominus [x \ominus (x \ominus y)]$$
$$= [x \ominus (x \ominus (x \ominus y))] \ominus y$$
$$= (x \ominus y) \ominus y,$$

即证 (2).

(3) ⇒ (8). 平凡的.

(8) ⇒ (9). 在 (8) 中, 令 $z = y$ 得到 (9).

(9) ⇒ (1). 根据之前的定理, 理想 $\{0\}$ 是幂等的. 所以 P 是幂等布尔偏序集. (1) 成立.　■

推论 6.3 在布尔 D 偏序集 P 中, 以下内容是等价的:

(1) P 是幂等布尔 D 偏序集;

(2) $\{0\}$ 是 P 的幂等理想;

(3) P 的所有理想都是幂等的;

(4) 对于任何 $a \in P, A(a) = \{b \in P : b \leqslant a\}$ 是 P 的理想.

证明　由于 $P/0 \cong P$, 从之前的定理得出 (1) $\Leftrightarrow$ (2).

(2) $\Rightarrow$ (3). 很明显.

(2) $\Rightarrow$ (4). 对于任何 $a \in P$, 令 $b \ominus c, c \in A(a)$, 我们有

$$b \ominus c \leqslant a, \quad c \leqslant a,$$

所以

$$(b \ominus c) \ominus a = 0 \in \{0\}, \quad c \ominus a = 0 \in \{0\}.$$

由 (2),$\{0\}$ 是 P 的幂等理想, 因此,$b \ominus a \in \{0\}$, 即 $b \ominus a = 0$, 所以 $b \in A(a)$. 显然, $0 \in A(a)$, 所以 $A(a)$ 是 P 的理想.

(4) $\Rightarrow$ (1). 假设 (4) 和 $(a \ominus b) \ominus b = 0$ 成立, 则

$$a \ominus b \in A(b).$$

由于 $A(b)$ 是一个理想和 $b \in A(b)$, 所以 $a \in A(b)$, 即 $a \ominus b = 0$. 因此我们证明了 $(a \ominus b) \ominus b = 0$ 意味着 $a \ominus b = 0$.

根据之前的定理, 我们知道 P 是一个幂等布尔 D 偏序集. 即 (1) 成立.　■

上述定理表明, 在布尔 D 偏序集中, 理想 $\{0\}$ 起着重要作用.

定理 6.18　布尔 D 偏序集 P 是幂等的当且仅当对于 P 的任何理想 I 和任何元素 $a \in P$, $A_I(a) = \{b \in P : b \ominus a \in I\}$ 是 P 的理想.

证明　必要性是显然的. 假设对于 P 的任何理想和任何元素 $a \in P$, $A_I(a)$ 是 P 的理想. 现在让 H 是任何理想, 我们证明它是一个幂等理想. 令 $(a \ominus b) \ominus c \in H, b \ominus c \in H$. 标记 $B = \{d \in P : d \ominus c \in H\}$, 因此 $a \ominus b \in B$ 和 $b \in B$, 由假设我们知道 B 是理想, 所以 $a \in B$, 即 $a \ominus c \in H$, 因此 H 是 P 的幂等理想.　■

6.2　基于逻辑代数滤子的信息化应用

—— 基于中国剩余定理的保密通信方案

随着计算机的广泛应用和计算机网络的不断发展, 社会呈现出信息化、网络化的发展态势, 计算机辅助协同工作 (computer supported cooperative work, CSCW) 成为可能并长足发展, 而由此引起的计算机系统安全性问题不容忽视. 网络固有的开放性、可扩充性, 使得其安全问题日趋明显, 保护信息安全已经成为整个社会的共识, 各国都对信息安全系统的建设给予极大的关注与投入. 网络信息的安全随着计算机网络的发展而进一步深化和完善. 为了防范信息安全风险, 新的安全技术和规范不断出现, 作为其中关键技术的密码学, 近年来也得到很大的发展. 因此保密

通信作为解决信息安全问题的重要途径, 就显得尤为重要. 目前, 现代的保密通信技术正向智能化、密码化、多因素、大容量和快速响应方向发展. 结合数论中的中国剩余定理及滤子理论, 我们提出一种保密通信方案.

6.2.1 中国剩余定理

中国剩余定理据说是春秋时的孙子最先提出并应用的, 因此又称孙子定理. 在中国古代的多本数学专著中都有对这一问题的描述和解法, 最为著名的是秦九韶在《数书九章》中论述的解法, 称为 "大衍求一术".

中国剩余定理本质上是求解同余方程组. 在现代数论中, 中国剩余定理具有十分重要的理论地位, 并且也获得了广泛的应用. 例如在雷达领域中, 中国剩余定理被用在脉冲多普勒雷达上, 解目标的距离模糊和速度模糊; 在信号处理的理论中, 基于中国剩余定理的数论变化是一种重要的快速变换方法, 只是目前还缺乏对其物理意义的描述而使其应用受到一定的限制; 在 IC 设计中, 应用中国剩余定理可以获得高效的 IIR 滤波器设计的方法.

我们结合了 RSA 公钥密码体制, 以下提出一种基于身份的动态安全通信方案.

中国剩余定理 如果 $n \geqslant 2$, 而 $m_1, m_2, \cdots, m_n$ 是两两互素的 n 个正整数, 令

$$M = m_1 m_2 \cdots m_n = m_1 M_1 = m_2 M_2 = \cdots = m_n M_n,$$

式中,

$$M_i = \frac{M}{m_i}, \quad i = 1, 2, \cdots, n.$$

则同时满足同余方程

$$x \equiv b_i (\mathrm{mod} m_i), \quad i = 1, 2, \cdots, n$$

的正整数解是

$$x_0 = b_1 M_1' M_1 + b_2 M_2' M_2 + \cdots + b_n M_n' M_n (\mathrm{mod} M),$$

式中 M_i' 是 M_i 为 m_i 模的乘逆.

6.2.2 环上的中国剩余定理与 Lagrange 插值公式

中国剩余定理已经推广到了其他一些代数结构, 我们以环为例, 介绍环上的中国定理.

定义 6.6　环是指一非空集 R 和其上的两个二元运算 (通常表示为加法 (+) 和乘法) 使得

(1) $(R, +)$ 是可换群;

(2) $(ab)c = a(bc)$ 对于所有 $a, b, c \in R$;

(3) $a(b + c) = ab + ac, (a + b)c = ac + bc$.

如果 $ab = ba$ 对于 $a, b \in R$, 那么 R 称为交换环. 如果 R 包含元素 1_R 满足

$$1_R a = a 1_R = a \text{ 对于所有 } a \in R,$$

那么 R 称为具有单位元.

定义 6.7　令 R 为环, S 为 R 的非空子集, 保持在 R 中的加法和乘法运算中闭合. 如果 S 在这些运算下本身就是一个环, 那么 S 被称为 R 的子环. 环 R 的子环 I 称为一个左理想如果 $r \in R$ 和 $x \in I \Rightarrow rx \in I$, I 称为一个右理想如果 $r \in R$ 和 $x \in I \Rightarrow xr \in I$. I 称为理想如果它既是左理想又是右理想.

定理 6.19 (环上的中国剩余定理)　令 $A_1, \cdots, A_n$ 是环 R 的理想, 满足 $R^2 + A_i = R$ 对于所有 i 及 $A_i + A_j = R$ 对于所有 $i \neq j$. 如果 $b_1, \cdots, b_n \in R$, 那么存在 $b \in R$ 满足 $b \equiv b_i (\bmod A_i)(i = 1, \cdots, n)$. 进一步 b 是由同余模理想 $A_1 \cap A_2 \cap \cdots \cap A_n$ 唯一确定的.

注释 6.1　如果 R 具有单位元, 那么对 R 的每一个理想 A, $R^2 = R$, 且 $R^2 + A = R$.

定义 6.8 (Lagrange 插值公式)　令 $X_i = (x_{i1}, x_{i2}, \cdots, x_{in})(i = 1, 2, \cdots, m)$, 那么存在一个多项式 $f_i(x)$, 满足

$$f_i(x_j) = x_{ij}(i = 1, 2, \cdots, m; \ j = 1, 2, \cdots, n).$$

如果定义所谓 Lagrange 基本多项式 $l_p(x)$ 为

$$l_p(x) = \prod_{p, p \neq q} \frac{x - q}{p - q} \ (p = 1, 2, \cdots, n).$$

令 $f_i(x) = \sum_p l_p(x) x_{ip}(i = 1, 2, \cdots, m; j = 1, 2, \cdots, n)$, 那么可以发现

$$f_i(x_j) = x_{ij}(i = 1, 2, \cdots, m; j = 1, 2, \cdots, n).$$

$f_i(x)$ 称为 Lagrange 插值多项式.

定理 6.20　假设 $n \geqslant 2, x - x_1, x - x_2, \cdots, x - x_n$ 是两两互素的 n 个多项式, 令 $X = (x - x_1)(x - x_2) \cdots (x - x_n) = (x - x_1)X_1 = (x - x_2)X_2 = \cdots = (x - x_n)X_n$, 则同时满足同余方程组

$$F(x) \equiv F(x_1) \bmod (x - x_1),$$
$$F(x) \equiv F(x_2) \bmod (x - x_2),$$
$$\cdots$$
$$F(x) \equiv F(x_n) \bmod (x - x_n)$$

的最小次数的多项式解是

$$F(x) = F(x_1)X_1'X_1 + F(x_2)X_2'X_2 + \cdots + F(x_n)X_n'X_n = \sum_i F(x_i) \frac{\prod\limits_{j,j \neq i} (x - x_j)}{\prod\limits_{j,j \neq i} (x_i - x_j)},$$

式中 X_i' 是满足同余方程 $X_i'X_i \equiv 1 (\bmod x - x_i)$ $(i = 1, 2, \cdots, n)$ 的多项式解, 即 X_i' 是 X_i 为模 $x - x_i$ 的乘逆.

引理 6.2 令 $X_i = \prod\limits_{j,j \neq i} (x - x_j)$, 那么相应 X_i 的逆元 X_i' 是 $X_i' = \dfrac{1}{\prod\limits_{j,j \neq i} (x_i - x_j)}$

$(i = 1, 2, \cdots, n)$.

证明 $X_i X_i' \bmod (x - x_i) = X_i X_i'|_{x=x_i} = \left. \dfrac{\prod\limits_{j,j \neq i} (x - x_j)}{\prod\limits_{j,j \neq i} (x_i - x_j)} \right|_{x=x_i}$

$$= \frac{\prod\limits_{j,j \neq i} (x_i - x_j)}{\prod\limits_{j,j \neq i} (x_i - x_j)} = 1,$$

由 X_i' 的唯一性可知定理成立. ■

注释 6.2 常规的 Lagrange 插值公式是由示性函数构造出来的, 实际上, 可证明 Lagrange 插值公式是中国剩余定理在多项式环中的推广. 如果模合理设置, 其他一些重要的插值公式也可以作为多项式环中的中国剩余定理的表达式得到.

注释 6.3 分配格中的中国剩余定理也可以建立在基于理想的基础上, 相应的关于分配格的理想的同余关系等一系列结果, 我们仅罗列如下.

定理 6.21 假设 I 是分配格 L 的理想. 二元关系 $\equiv$ 定义为: 对于 $\forall a, b \in L$, $a \equiv b (\bmod I)$ 如果存在 $d \in I$, 满足 $a \vee d = b \vee d$, 则我们可以发现 $\equiv$ 是 L 上的同余关系.

注释 6.4 若 I 是分配格 L 的一个滤子. 同余关系 $\equiv$ 可由 I 诱导出. 如果我们用 $[x]_I$ 代表 x 的同余类, 即 $L/I = \{[x]_I | x \in L\}$. 进一步, 如果我们定义 $[x]_I \vee [y]_I = [x \vee y]_I$, $[x]_I \wedge [y]_I = [x \wedge y]_I$, 则 $(L/I, \wedge, \vee)$ 是一个分配格.

定理 6.22 令 I 是分配格 L 的一个理想. 如果 $a \in I$, 则 $[a]_I = I$.

推论 6.4 假设 I 是分配格 L 的一个理想. 如果 $a \in I$, 则 $\forall d \in L$, $a \equiv a \wedge d (\bmod I)$.

定义 6.9   令 I_1, I_2 是分配格 L 的两个理想. 一个由 $I_1 \cup I_2$ 生成的理想称为 I_1 与 I_2 的和, 记为 $I = I_1 + I_2$.

引理 6.3   令 I_1, I_2 是格 L 的两个理想, 则 $I_1 + I_2 = \{x|$ 存在 $a \in I_1, b \in I_2, x \leqslant a \vee b\}$.

推论 6.5   令 I_1, I_2 是分配格 L 的两个理想, 则 $I_1 + I_2 = \{a \vee b|$ 存在 $a \in I_1, b \in I_2\}$.

定理 6.23   令 $I_1, I_2, \cdots, I_n$ 是分配格 L 中的理想, 满足 $L = I_k + \bigcap_{i \neq k} I_i, k = 1, \cdots, n$. 如果 $b_1, b_2, \cdots, b_n \in L$, 则存在 $b \in L$, 满足 $b \equiv b_i(\mathrm{mod}\, I_i), i = 1, 2, \cdots, n$. 这里 b 关于模理想 $I_1 \cap I_2 \cap \cdots \cap I_n$ 唯一确定.

注释 6.5   中国剩余定理可以在分配格中建立, 而不是在格中, 因为同余关系仅仅是基于分配格的性质来定义的.

6.3   分配格中的中国剩余定理及其应用

6.3.1   基于分配格上滤子的同余关系

定义 6.10   格 L 的非空子集 F 称为 L 的滤子, 如果满足以下条件:

(1) $x \in F, y \in A, x \leqslant y \Rightarrow y \in F$;

(2) $x \in F, y \in F \Rightarrow x \wedge y \in F$.

定理 6.24   假设 F 是分配格 L 的滤子. 二元关系 $\equiv$ 定义为: 对于 $x, y \in L$, $x \equiv y(\mathrm{mod}\, F)$ 如果存在 $z \in F$, 满足 $x \wedge z = y \wedge z$, 则我们可以发现 $\equiv$ 是 L 上的同余关系.

证明   易证二元关系 $\equiv$ 满足自反性和对称性. 下证传递性. 假设 $x, y, z \in L$, $x \equiv y(\mathrm{mod}\, F)$, $y \equiv z(\mathrm{mod}\, F)$, 则存在 $h, t \in F$, 满足 $x \wedge h = y \wedge h, y \wedge t = z \wedge t$. 因此 $x \wedge (h \wedge t) = y \wedge h \wedge t = y \wedge t \wedge h = z \wedge t \wedge h$, 又 $h \wedge t \in F$, 所以 $x \equiv z(\mathrm{mod}\, F)$. 则二元关系 $\equiv$ 是等价关系.

若 $x \equiv y(\mathrm{mod}\, F)$, 则存在某一 $z \in F$, 满足 $x \wedge z = y \wedge z$, 那么 $\forall h \in L$, $(x \wedge z) \wedge h = (y \wedge z) \wedge h$, 即 $(x \wedge h) \wedge z = (y \wedge h) \wedge z$, 所以 $x \wedge h \equiv y \wedge h(\mathrm{mod}\, F)$.

同理, $x \equiv y(\mathrm{mod}\, F)$, 则存在某一 $z \in F$, 满足 $x \wedge z = y \wedge z$, 那么 $\forall h \in L$, $(x \vee h) \wedge z = (x \wedge z) \vee (h \wedge z) = (y \wedge z) \vee (h \wedge z) = (y \vee h) \wedge z$, 则 $x \vee h \equiv y \vee h(\mathrm{mod}\, F)$.

若 $x \equiv y(\mathrm{mod}\, F)$ 及 $z \equiv h(\mathrm{mod}\, F)$, 则 $x \vee z \equiv y \vee z(\mathrm{mod}\, F), y \vee z \equiv y \vee h(\mathrm{mod}\, F)$, 所以 $x \vee z \equiv y \vee h(\mathrm{mod}\, F)$.

同理, 我们可以得到 $x \wedge z \equiv y \wedge h(\mathrm{mod}\, F)$. ∎

注释 6.6 若 F 是分配格 L 的一个滤子. 同余关系 $\equiv$ 可由 F 诱导出. 如果我们用 $[x]_F$ 代表 x 的同余类, 即 $L/F = \{[x]_F | x \in F\}$. 进一步, 如果定义 $[x]_F \vee [y]_F = [x \vee y]_F$, $[x]_F \wedge [y]_F = [x \wedge y]_F$, 则 $(L/F, \vee, \wedge)$ 是一个分配格.

定理 6.25 令 F 是分配格 L 的一个滤子. 如果 $x \in F$, 则 $[x]_F = F$.

证明 假设对于 $y \in [x]_F$, 则存在 $h \in F$, 满足 $x \wedge h = y \wedge h$, 因为 $x \wedge h = y \wedge h \in F$, $x \wedge h = y \wedge h \leqslant y$. 那么 $y \in F$. 另外, 如果 $y \in F$, 则 $x \wedge y \in F$, 因为 $y \wedge (y \wedge x) = x \wedge (y \wedge x)$, 则 $y \equiv x \pmod{F}$, 即 $y \in [x]_F$. ∎

推论 6.6 假设 F 是分配格 L 的一个滤子. 如果 $x \in F$, 则 $\forall y \in L$, $x \equiv x \vee y \pmod{F}$.

证明 $\forall y \in L$, $x \in F$, $x \wedge x = (x \vee y) \wedge x$, 所以 $x \equiv x \vee y \pmod{F}$. ∎

定义 6.11 令 F_1, F_2 是分配格 L 的两个滤子. 一个由 $F_1 \cup F_2$ 生成的滤子称为 F_1 与 F_2 的和, 记为 $F = F_1 + F_2$.

引理 6.4 令 F_1, F_2 是格 L 的两个滤子, 则 $F_1 + F_2 = \{x |$ 对于某一 $x_1 \in F_1$, $x_2 \in F_2$, $x \geqslant x_1 \wedge x_2\}$.

证明 令 $F = \{x |$ 对于某一 $x_1 \in F_1, x_2 \in F_2$, $x \geqslant x_1 \wedge x_2\}$, 所以 $F_1 \in F$, $F_2 \in F$, 则 $F_1 + F_2 \subseteq F$. 我们有任何滤子 J 包含 F_1, F_2 一定包含 F: 如果 $x \in F$, 则对于某一 $x_1 \in F_1$, $x_2 \in F_2$, $x \geqslant x_1 \wedge x_2$. 又 $x \geqslant x_1 \wedge x_2 \in J$, 我们得到 $x \in J$. 即 $F \subseteq J$. 有 $F_1 + F_2 \supseteq F$.

下证 F 是一个滤子. 令 $x_1 \wedge x_2 \leqslant y \leqslant x$, 又 $y \in F$, 则 $x \in F$. 如果 $x, y \in F$, 对于某一 $x_1, x' \in F_1$, $x_2, x'' \in F_2$, 我们有 $x \geqslant x_1 \wedge x_2$, $y \geqslant x' \wedge x''$, 所以

$$x \wedge y \geqslant (x_1 \wedge x_2) \wedge (x' \wedge x'') = (x_1 \wedge x') \wedge (x_2 \wedge x''),$$

又 $x_1 \wedge x' \in F_1$, $x_2 \wedge x'' \in F_2$, 有 $x \wedge y \in F$. ∎

引理 6.5 令 F_1, F_2 是分配格 L 的两个滤子, 则 $F_1 + F_2 = \{x \wedge y |$ 对于某一 $x \in F_1, y \in F_2\}$.

证明 令 $x \in F_1 + F_2$, 则存在 $x_1 \in F_1$, $x_2 \in F_2$, 有 $x \geqslant x_1 \wedge x_2$. 又 $x = x \vee (x_1 \wedge x_2) = (x \vee x_1) \wedge (x \vee x_2)$, 因为 $x_1 \leqslant x \vee x_1$, $x_2 \leqslant x \vee x_2$ 及 $x_1 \in F_1$, $x_2 \in F_2$, 得到 $x \vee x \vee x_1 \in F_1$, $x \vee x_2 \in F_2$, 即 $F \subseteq J$. 我们有 $F_1 + F_2 \supseteq F$.

下证 F 是一个滤子. 令 $x_1 \wedge x_2 \leqslant y \leqslant x$ 及 $y \in F$, 则 $x \in F$. 如果 $x, y \in F$, 则存在 $x_1, x' \in F_1$, $x_2, x'' \in F_2$, 有 $x \geqslant x_1 \wedge x_2$, $y \geqslant x' \wedge x''$, 所以 $x \wedge y \geqslant (x_1 \wedge x_2) \wedge (x' \wedge x'') = (x_1 \wedge x') \wedge (x_2 \wedge x'')$, 又 $x_1 \wedge x' \in F_1$, $x_2 \wedge x'' \in F_2$, 我们有 $x \wedge y \in F$. 所以 $F_1 + F_2 \subseteq \{x \wedge y |$ 对于某一 $x \in F_1, y \in F_2\}$, 另 $F_1 + F_2 \supseteq \{x \wedge y |$

对于某一 $x \in F_1, y \in F_2$} 是明显的.   ■

6.3.2　分配格中的中国剩余定理

定理 6.26　令 $F_i(i=1,\cdots,n)$ 是分配格 L 中的滤子, 满足 $L = F_k + \bigcup\limits_{i \neq k} F_i, k = 1, \cdots, n$. 如果 $b_1, b_2, \cdots, b_n \in L$, 则存在 $b \in L$, 满足 $b \equiv b_i (\mathrm{mod}\, F_i), i = 1, \cdots, n$. 这里 b 关于模滤子 $F_1 \wedge F_2 \wedge \cdots \wedge F_n$ 唯一确定.

证明　对于任意的 $k, b_k \in L = F_k + \bigcup\limits_{i \neq k} F_i, k = 1, \cdots, n$. 当 $a_k \in F_k$ 时,

$$r_k \in \bigcup\limits_{i \neq k} F_i, \quad b_k = a_k \wedge r_k.$$

另外, $a_k \in F_k$, 则

$$b_k \wedge a_k = a_k \wedge r_k \wedge a_k = r_k \wedge a_k,$$

所以

$$b_k \equiv r_k (\mathrm{mod}\, F_i), \quad i = 1, \cdots, n.$$

$r_k \in \bigcup\limits_{i \neq k} F_i$, 则 $\forall d \in L$,

$$r_k \equiv r_k \vee d (\mathrm{mod}\, F_i), \quad i = 1, \cdots, n; i \neq k.$$

令 $d = r_i$, 那么

$$r_k \equiv r_k \vee r_i (\mathrm{mod}\, F_i), \quad i = 1, \cdots, n; i \neq k.$$

令 $b = r_1 \vee r_2 \vee \cdots \vee r_n \equiv (r_1 \vee r_k) \vee (r_2 \vee r_k) \vee \cdots \vee r_k \vee \cdots \vee (r_n \vee r_k)(\mathrm{mod}\, F_k) \equiv r_k(\mathrm{mod}\, F_k), k = 1, 2, \cdots, n$. 所以我们得到

$$b \equiv b_i (\mathrm{mod}\, F_i), \quad i = 1, \cdots, n.$$

下证唯一性. 假设存在 $c \in L$, 满足

$$c \equiv b_i (\mathrm{mod}\, F_i), \quad i = 1, \cdots, n.$$

则

$$b \equiv c (\mathrm{mod}\, F_i), \quad i = 1, \cdots, n.$$

所以存在 $d_k \in F_k$, 满足

$$b \wedge d_k = c \wedge d_k, \quad i = 1, \cdots, n.$$

由

$$(b \wedge d_1) \wedge (b \wedge d_2) \wedge \cdots \wedge (b \wedge d_n) = (c \wedge d_1) \wedge (c \wedge d_2) \wedge \cdots \wedge (c \wedge d_n),$$

即

$$b \wedge (d_1 \wedge d_2 \wedge \cdots \wedge d_n) = c \wedge (d_1 \wedge d_2 \wedge \cdots \wedge d_n),$$

我们得到

$$b \equiv c(\bmod F_1 \wedge F_2 \wedge \cdots \wedge F_n). \qquad \blacksquare$$

6.3.3 一种新的基于分配格中的中国剩余定理的通信编码方案

定理 6.27 令 $L = \{\mathrm{GF}(2)$ 上的多项式全体 $\}$. 一个二元关系 $\leqslant$ 定义为: 对于 $f(x), g(x) \in L$, $f(x) \leqslant g(x)$, 如果 $f(x)|g(x)$, 则 $(L, \leqslant)$ 是一个偏序集.

定理 6.28 令 $L = \mathrm{GF}(2)$ 上的多项式空间. 对于 $\forall f(x), g(x) \in L$, 二元运算 $\vee, \wedge$ 定义为

$$f(x) \vee g(x) = \mathrm{l.c.m.}(f(x), g(x)), \quad f(x) \wedge g(x) = \mathrm{g.c.d.}(f(x), g(x)),$$

则 $(L, \vee, \wedge)$ 是一个分配格.

引理 6.6 令 F 是 L 的一个滤子, 那么 $F = \{m(x)p(x)|m(x) \in L\}$, 这里 $p(x)$ 是多项式 L 上的不可约多项式.

基于多项式上的中国剩余定理, 我们可以设计一种安全的通信编码方案. 令 $L = \{\mathrm{GF}(2)$ 上的多项式空间$\}$. 对于信息流 "0" 或 "1", 发送者可以将其分成几个组. 例如, 每个组包含 k 个码元, 对应一个小数. 选择 L 上的 n 个模 (n 个不同的滤子) $F_1, F_2, \cdots, F_n$, 利用多项式分配格中的中国剩余定理, 满足下列同余方程:

$$F(x) \equiv f_i(x)(\bmod F_i), \quad i = 1, \cdots, n$$

的唯一解可以求出.

在此基础上, 一种安全的通信方案可以设计如下: 通信的发送方和接收方选择 L 的 n 个模块 (n 个不同的滤子) $F_1, F_2, \cdots, F_n$ 后, 发送方可以直接通过信道发送同余方程组的解 $F(x)$, 接收方可以通过 $F(x) \bmod F_i$ 得到 $f_i(x), i = 1, 2, \cdots, n$, 这样接收方就可以安全有效地获取原始信息流, 从而达到安全通信的要求.

6.3.4 方案分析

本章基于多项式的中国剩余定理的保密通信方案具有以下优点:

(1) 原始信息序列可以任意分划;

(2) 模可任意选择;

(3) 系统只需要秘密传输 $F(x)$, 传输量减少. 即使 $F(x)$ 被入侵者获取, 因为他不知道模和顺序, 很难使用 $F(x)$ 得到原始序列;

(4) 当接收端需要恢复序列时, 只需要执行取模操作, 这样更简单、更快.

通过构造多项式分布格中滤波器的中国剩余定理, 得到了一种新的通信编码方案, 并对该方案的安全性进行了分析.

参 考 文 献

[1] Hájek P. Observations on non-commutative fuzzy logic[J]. Soft Computing, 2003, 8: 38-43.

[2] Hájek P. Metamathematics of Fuzzy Logic[M]. Dordrecht: Kluwer Academic Publishers, 1998.

[3] Flondor P, Georgescu G, Iorgulescu A. Pseudo-t-norms and pseudo-BL algebras[J]. Soft Computing, 2001, 5: 335-371.

[4] Jenei S, Montagna F. A proof of standard completeness for non-commutative monoidal t-norm logic[J]. Neural Network World, 2003, 5: 481-489.

[5] Leustean I. Non-commutative Lukasiewicz propositional logic[J]. Archive for Mathematical Logic, 2006, 45: 191-213.

[6] Georgescu G, NoLa A D. A lorgulescu pseudo-MV-algebras[J]. Multiple-Valued Logic, 2001, 6: 95-135.

[7] Georgescu G, Iorgulescu A. Pseudo-MV algebras: a noncommutative extension of MV algebras[C]. Bucharest: INFOREC Printing house, 1999.

[8] Nola A D, Georgescu G, Iorgulescu A. Pseudo-BL algebras I[J]. Multiple-Valued Logic, 2002, 8: 673-714.

[9] Nola A D, Georgescu G, Iorgulescu A. Pseudo-BL algebras II[J]. Multiple-Valued Logic, 2002, 8: 717-750.

[10] Dvurečenskij A. Every linear pseudo-BL algebra admits a state[J]. Soft Computing, 2007, 11: 495-501.

[11] Esteva F, Godo L. Monoidal t-norm based logic: towards a logic for left-continuous t-norms[J]. Fuzzy Sets and Systems, 2001, 124(3): 271-288.

[12] Zhang X H, Gong H J. Implicative pseudo-BCK algebras and implicative pseudo filters of pseudo-BCK algebras[C]. San Jose: IEEE Computer Society, 2010.

[13] Kroupa T. Filters in fuzzy class theory[J]. Fuzzy Sets and Systems, 2008, 159(14): 1773-1787.

[14] Gasse B V, Deschrijver G, Cornelis C, et al. Filters of residuated lattices and triangle algebras[J]. Information Sciences, 2010, 16: 3006-3020.

[15] Rachůnek J, Šalounová D. Fuzzy filters and fuzzy prime filters of bounded R_l-monoids and pseudo BL-algebras[J]. Information Sciences, 2008, 178: 3474-3481.

[16] Zhang X H, Li W H. On pseudo-BL algebras and BCC-algebras[J]. Soft Computing, 2006, 10: 941-952.

[17] Kondo M, Dudek W A. Filter theory of BL algebras[J]. Soft Computing, 2008, 12:

419-423.

[18] Saeid A B, Motamed S. Normal filters in BL-algebras[J]. World Applied Sciences Journal, 2009, 7: 70-76.

[19] Motamed S, Torkzadeh L. A new class of BL-algebras[J]. Soft Computing, 2017, 21: 687-698.

[20] Turunen E. Boolean deductive systems of BL-algebras[J]. Archive for Mathematical Logic, 2001, 40: 467-473.

[21] Turunen E. BL-algebras of basic fuzzy logic[J]. Mathware and Soft Computing, 1999, 6: 49-61.

[22] Haveshki M, Saeid A B, Eslami E. Some types of filters in BL algebras[J]. Soft Computing, 2006, 10: 657-664.

[23] Ma X L, Zhan J M, Shum K P. Interval valued $(\in, \in \vee q)$-fuzzy filters of MTL-algebras[J]. Journal of Mathematical Research & Exposition, 2010, 30: 265-276.

[24] Ciungu L C. On the eexistence of states on fuzzy structures[J]. Southeast Asian Bulletin of Mathematics, 2009, 33: 1041-1062.

[25] Jipsen P, Montagna F. The Blok-Ferreirim theorem for normal GBL-algebras and its application[J]. Algebra Universalis, 2009, 60: 381-404.

[26] Jenča G, Pulmannová S. Ideals and quotients in lattice ordered effect algebras[J]. Soft Computing, 2001, 5: 376-380.

[27] Rachůnek J, Šalounová D. Classes of filters in generalizations of commutative fuzzy structures[J]. Acta Univ. Palacki. Olomuc. Fac. Rer. Nat. Math., 2009, 48: 93-107.

[28] Alavi S Z, Borzooei R A, Kologani M A. Filter theory of pseudo hoop-algebras[J]. italian journal of pure and applied mathematics, 2017, 37: 619-632.

[29] Ma Z H, Wu J D, Lu S J. Ideals and filters in pseudo-effect algebras[J]. Int. J. Theor. Phys., 2004, 43: 1445-1451.

[30] Kondo M. Filters on commutative residuated lattices[M]. Heidelberg: Springer, 2010.

[31] Chen W J, Wang H K. Filters and ideals in the generalization of pseudo-BL algebras[J]. Soft Computing, 2020, 24(2): 795-812.

[32] Pan X D, Xu Y. On lifting quasi-filters and strong lifting quasi-filters in MV-algebras[J]. Journal of Intelligent and Fuzzy Systems, 2015, 28(5): 2245-2255.

[33] Wang W, Xin X L. On fuzzy filters of pseudo BL-algebras[J]. Fuzzy Sets and Systems, 2011, 162: 27-38.

[34] Liu L Z, Li K T. Boolean filters and positive implicative filters of residuated lattices[J]. Information Sciences, 2007, 177: 5725-5738.

[35] Wang Z D, Fang J X. On v-filters and normal v-filters of a residuated lattice with a

weak vt-operator[J]. Information Sciences, 2008, 178: 3465-3473.

[36] Xu Y, Qin K Y. On filters of lattice implication algebras[J]. The Journal of Fuzzy Mathematics, 1993, 1: 251-260.

[37] Zadeh L A. Fuzzy sets[J]. Information and Control, 1965, 8: 338-353.

[38] Turunen E. Mathematics Behind Fuzzy Logic[M]. Heidelberg: Physica-Verlag, 1999.

[39] Novák V, Baets B D. EQ-algebras[J]. Fuzzy Sets and Systems, 2009, 160: 2956-2978.

[40] Zhang X H, Jun Y B, Doh M I. On fuzzy filters and fuzzy ideals of BL-algebras[J]. Fuzzy Systems and Mathematics, 2006, 20: 8-20.

[41] Zhang X H, Jun Y B. Anti-grouped pseudo-BCI algebras and anti-grouped filters[J]. Fuzzy Systems and Mathematics, 2014, 28(2): 21-33.

[42] Georgescu G, Iorgulescu A. Pseudo-BCK algebras: an extension of BCK algebras[M]. London: Springer, 2001: 97-114.

[43] Iséki K, Tanaka S. An introduction to the theory of BCK-algebras[J]. Math. Japonica, 1978, 23: 1-26.

[44] Iséki K, Tanaka S. Ideal theory of BCK-algebras[J]. Math. Japonica, 1976, 21: 351-366.

[45] Iorgulescu A. Classes of pseudo-BCK algebras: Part-I[J]. Journal of Multiple Valued Logic and Soft Computing, 2006, 12: 71-130.

[46] Wang W, Xin X L. On fuzzy filters of Heyting-algebras[J]. Discrete Continuous Dynamic Systems Series S, 2011, 6: 1611-1619.

[47] Jun Y B. Fuzzy positive implicative and fuzzy associative filters of lattice implication algebras[J]. Fuzzy Sets and Systems, 2001, 121: 353-357.

[48] Jun Y B, Song S Z. On fuzzy implicative filters of lattice implication algebras[J]. The Journal of Fuzzy Mathematics, 2002, 10: 893-900.

[49] Liu L Z, Li K T. Fuzzy Boolean and positive implicative filters of BL-algebras[J]. Fuzzy Sets and Systems, 2005, 152(2): 333-348.

[50] Liu L Z, Li K T. Fuzzy filters of BL-algebras[J]. Information Sciences, 2005, 173: 141-154.

[51] Zhan J M, Dudek W A, Jun Y B. Interval valued $(\in, \in \vee q)$-fuzzy filters of pseudo BL-algebras[J]. Soft Computing, 2009, 13: 13-21.

[52] Liu L Z, Li K T. Fuzzy implicative and Boolean filters of R_0 algebras[J]. Information Sciences, 2005, 171: 61-71.

[53] Jun Y B, Xu Y, Zhang X H. Fuzzy filters of MTL-algebras[J]. Information Sciences, 2005, 175: 120-138.

[54] Gong H J, Zhang X H. Boolean filter and psMV-filter of pseudo-BCK algebras[J].

Journal of Ningbo University, 2011, 24(1): 49-53.

[55] Chang C C. Algebraic analysis of many valued logics[J]. Trans. Amer. Math. Soc, 1958, 88: 467-490.

[56] Cignoli R, D'Ottaviano I, Mundici D. Algebraic Foundations of Many-Valued Reasoning[M]. Dordrecht: Kluwer Academic Publishers, 2000.

[57] Ciungu L C. Algebras on subintervals of pseudo-hoops[J]. Fuzzy Sets and Systems, 2009, 160: 1099-1113.

[58] Dvurečenskij A, Pulmannová S. New Trends in Quantum Structures[M]. Dordrecht: Kluwer Academic Publishers, 2000.

[59] Klement E P, Mesiar R, Pap E. Comparison of t-norms[M]. Dordrecht: Springer, 2000.

[60] Foulis D J, Greechie R J, Rüttimann G T. Filters and supports in orthoalgebras[J]. Int. J. Theor. Phys., 1992, 31: 789-807.

[61] Foulis D J, Bennett M K. Effect algebras and unsharp quantum logics[J]. Foundations of Physics, 1994, 24: 1331-1352.

[62] Georgescu G. Bosbach states on fuzzy structures[J]. Soft Computing, 2004, 8: 217-230.

[63] 郭颖敏, 胡月, 蒋椅, 等. 家谱结构网络中相对重要性排序模型 [J]. 西安石油大学学报 (社会科学版), 2015, 24(1): 50-53.

[64] Ji W. Characterization of homogeneity in orthocomplete atomic effect algebras[J]. Fuzzy Sets and Systems, 2014, 236: 113-121.

[65] 孟变龙. 王伟. 广义模糊 B-代数 [J]. 西北大学学报 (自然科学版), 2009, 39: 732-734.

[66] 孟变龙. 王伟. 一类新的模糊 B-代数 [J]. 西安石油大学学报 (自然科学版), 2009, 24: 100-102.

[67] Meng B L. Some results of fuzzy BCK-filters[J]. Information Sciences, 2000, 130: 185-194.

[68] Mertanen J, Turunen E. States on semi-divisible generalized residuated lattices reduce to states on MV-algebras[J]. Fuzzy Sets and Systems, 2008, 159: 3051-3064.

[69] Paseka J. On realization of generalized effect algebras[J]. Reports on Mathematical Physics, 2012, 70: 375-384.

[70] Ptak P, Pulmannová S. Orthomodular Structures as Quantum Logics[M]. Dordrecht: VEDA, Bratislava, and Kluwer, 1991.

[71] Pulmannová S, Riečanová Z, Zajac M. Topological properties of operator generalized effect algebras[J]. Reports On Mathematical Physics, 2012, 69: 311-320.

[72] Sikolrski R. Boolean Algebras[M]. Berlin: Springer-Verlag, 1960.

[73] Swamy U M, Raju D V. Fuzzy ideals and congruences of lattices[J]. Fuzzy Sets and Systems, 1998, 95: 249-253.

[74] 谢季坚, 刘承平. 模糊数学方法及其应用 [M]. 武汉: 华中科技大学出版社, 2005.

[75] Xie Y J, Li Y M, Yang A L. Pasting of lattice-ordered effect algebras[J]. Fuzzy Sets and Systems, 2014, 3: 15.

[76] 张小红. 模糊逻辑及其代数分析 [M]. 北京: 科学出版社, 2008.

[77] 郑崇友, 樊磊, 崔宏斌. Frame 与连续格 [M]. 北京: 首都师范大学出版社, 2000.

[78] 钟纯真. BL-代数的 v-滤子 [J]. 西南师范大学学报 (自然科学版), 2013, 38(12): 1-5.

[79] Zhang X H. On fuzzy ideal and fuzzy deductive systems of Hilbirt algebras[J]. Pure and Applied Mathematics, 2000, 16(4): 60-62.

[80] Georgescu G, Leustean L. Some classes of pseudo-BL algebras[J]. J. Austral. Math. Soc., 2002, 73: 127-154.

[81] 王伟, 李毅君, 童丹, 等. BL 代数的 obstinate 滤子和 ultra 滤子 [J]. 内蒙古师范大学学报, 2013, 42(4): 380-382.

[82] Wang W, Xu Y, Liu M H. On normal and fantastic filters of BL-algebras[J]. Scientia Magna, 2012, 8(4): 118-123.

[83] 王伟, 杨廉, 石召. BL 代数的 fantastic 滤子和 normal 滤子 [J]. 纯粹数学与应用数学, 2012, 28(5): 595-598.

[84] 王伟, 杨廉, 李婷, 等. 关于 BL-代数的 implicative 滤子的一些结果 [J]. 西安航空技术高等专科学校学报, 2012, 30(5): 73-75.

[85] 王伟, 郭颖敏. Heyting 代数中的直觉模糊滤子 [J]. 西安石油大学学报 (自然科学版), 2008, 23: 106-108.

[86] Zhang X H, Fan X S. Pseudo-BL algebras and pseudo-effect algebras[J]. Fuzzy Sets and Systems, 2008, 159(1): 95-106.

[87] Wang W, Saeid A B. Solutions to open problems on fuzzy filters of BL-algebras[J]. International Journal of Computational Intelligence Systems, 2015, 8: 106-113.

[88] Wang W, Xu Y. Some results on fuzzy sub positive implicative fllters of noncommutative residuated lattice[C]. Singapore: World Scientific Publishing Co Pte Ltd, 2014.

[89] Wang W, Xu Y, Zhao K K. On fuzzy fllters of CI-algebras[C]. New York: IEEE, 2015.

[90] Wang W, Xu Y, Tong D, et al. Some results on fuzzy weak Boolean fllters of non-commutative residuated lattice[C]. Heidelberg: Springer Verlag, 2013.

[91] 王伟, 周曼曼, 孙大宝, 等. 非交换剩余格的子正蕴涵滤子 [J]. 模糊系统与数学, 2015, 29(6): 32-39.

[92] Xi O G. Fuzzy BCK-algebras[J]. Math. Japonica, 1991, 36: 935-942.

[93] Zhang L C, Zhang X H. Strong Ockham algebra and residuated lattice[J]. Pure and Applied Mathematics, 2010, (1): 123-125.

[94]   Iorgulescu A. Iséki algebras. Connection with BL-algebras[J]. Soft Computing, 2004, 8: 449-463.

[95]   Muralikrishna P, Srinivasan S, Chandramouleeswaran M. On N-filters of CI algebra[J]. Afr. Mat., 2015, 26(3-4): 545-549.

[96]   Xu Y. Homomorphisms in lattice implication algebras[C]. Beijing:Chinese Journal of Computers, 1992.

[97]   Jipsen P, Tsinakis C. A Survey of Residuated Lattices[M]. Dordrecht: Kluwer Academic Publishers, 2002: 19-56.

[98]   Blount K, Tsinakis C. The structure of residuated lattices[J]. International Journal of Algebra and Computation, 2003, 13(4): 437-461.

[99]   Ghorbani S. Sub positive implicative filters of non-commutative residuated lattice[J]. World Applied Sciences Journal, 2011, 12: 586-590.

[100]   Borzooei R A, Saeid A B, Rezaei A, et al. Anti fuzzy fllters of CI-algebras[J]. Afr. Mat., 2014, 25: 1197-1210.

[101]   Dvurečenskij A, Giuntini R, Kowalski T. On the structure of pseudo BL-algebras and pseudo hoops in quantum logics[J]. Foundations of Physics, 2010, 40(9): 1519-1542.

[102]   Iséki K. On BCI-algebras[J]. J. Math. Anal. Appl., 1981, 17(1): 264-269.

[103]   林大华. BCI 代数的 n-理想 [J]. 福州师专学报 (自然科学版), 1997, 17(1): 8-11.

[104]   Liu Y L, Meng J. Fuzzy ideals in BCI-algebras[J]. Fuzzy Sets and Systems, 2001, 123: 227-237.

[105]   Meng J, Jun Y B. BCK-Algebras[M]. Seoul: Kyung Moon Sa Co., 1994.

[106]   Wang W, Wan H, Du K, et al. On open problems based on fuzzy filters of pseudo BCK-algebras[J]. Journal of Intelligent & Fuzzy Systems, 2015, 29: 2387-2395.

[107]   刘用麟, 林大华. 关于单 BCI-代数的一些结果 [J]. 数学研究, 1995, 28(1): 94-99.

[108]   刘春辉. BL-代数的 $(\in, \in \vee q)$-模糊素滤子 [J]. 浙江大学学报 (理学版), 2014, 41(5): 489-493, 505.

[109]   刘春辉. BL-代数的 $(\in, \in \vee q)$-模糊滤子理论 [J]. 模糊系统与数学, 2015, 29(1): 50-58.

[110]   Krassimir T K, Atanassov T. Intuitionistic fuzzy sets[J]. Fuzzy Sets and Systems, 1986, 20(1): 87-96.

[111]   Chajda I, Hala R. Congrences and ideals in Hilbirt algebras[J]. Kyunkpook Mathj, 1999, 32(2): 429-432.

[112]   Chovanec F, Kôpka F. D-lattices[J]. Int. J.Theor. Phyz., 1995, 34: 1297-1302.

[113]   Chovanec F, Kôpka F. Boolean D-posets[J]. Tatra Mt. Math. Publ., 1997, 10: 183-197.

[114]   Chovanec F, Rybarikova E. Ideals and Filters in D-poset[J]. Int. J. Theor. Phys., 1998, 37: 17-22.

[115] Dudek W A. On ideals in Hilbirt algebras[J]. Acta Univercity Palack Olomuc Fac Rerum Natur Math, 1999, 38: 31-34.

[116] Dvurečenskij A, Pulmannová S. Difference posets, effects, and quantum measurements[J]. International Journal of Theoretical Physics, 1994, 33: 819-850.

[117] Jun Y B. Deductive systems of Hilbirt algebras[J]. Math Japan, 1996, 43: 51-54.

[118] Jun Y B, Hong S M. Fuzzy Deductive systems of Hilbirt algebras[J]. Indian J. Pure Appl. Math., 1999, 27(2): 141-151.

[119] Jun Y B, Öztürk M A, Firat A. Characterizations of falling fuzzy positive implicative ideals in BCK-algebras[J]. Ann Fuzzy Math Inform, 2014, 7(2): 197-204.

[120] Kôpka F. Boolean D-posets as factor spaces[J]. Int. J. Theor. Phys., 1998, 37: 93-101.

[121] Kôpka F. Quasi product on Boolean D-posets[J]. Int. J. Theor. Phys., 2008, 47: 26-35.

[122] Meng B L, Xin X L, Wang W. Idempotent ideals in Boolean D-posets and idempotent Boolean D-posets[J]. Mitteilungen Klosterneuburg, 2014, 64(6): 309-321.

[123] Shang Y, Li Y, Chen M. Pseudo difference posets and pseudo Boolean D-posets[J]. Int. J. Theor. Phys., 2004, 43: 2447-2459; 2014, 64: 6.

[124] 汪培庄. 模糊集与随机集落影 [M]. 北京: 北京师范大学出版社, 1985.

[125] 王伟, 辛小龙. 关于 BCI 代数的余模糊理想的一些结果 [J]. 计算机工程与应用, 2012, 48(3): 55-56.

[126] 杨永伟, 王伟. HS-代数的 (落影) 模糊演绎系统 [J]. 浙江大学学报, 2015, 42(6): 672-676.

[127] Yang Y W, Xin X L, He P F. Characterizations of MV-algebras based on the theory of falling shadows[J]. Scientific World Journal, 2014: 1-11.

[128] 袁学海, 李洪兴. 基于落影表现理论下的模糊子群 [J]. 模糊系统与数学, 1995, 9(4): 15-19.

[129] Zhan J M, Jun Y B, Kim H K. Some types of falling fuzzy filters of BL-algebras and its applications[J]. J. Intel. Fuzzy Systems, 2014, 26(4): 1675-1685.

[130] Zhan J M, Ma X L. Fuzzy deductive systems of HS-algebras[J]. Sci. Math. Jpn., 2005, 61(2): 267-274.

[131] Frič R. On D-posets of fuzzy set[J]. Math. Slovaca, 2014, 64(3): 545-554.

[132] Liu Y L, Liu S Y, Xu Y. Pseudo BCK-algebras and PD posets[J]. Soft Computing, 2007, 11: 91-101.

[133] 陈鲁生, 沈世镒. 现代密码学 [M]. 北京: 科学出版社. 2002: 71-72.

[134] Jiang Q Y, Xie J X, Ye J. Mathematical Models[M]. Beijing: Higher Education Press, 2005.

[135] 卢开澄. 计算机密码学: 计算机网络中的数据保密与安全 [M]. 2 版. 北京: 清华大学出版社, 1998.

[136] 卢铁城. 信息加密技术 [M]. 成都: 四川科学技术出版社, 1989.

[137] 闵嗣鹤, 严士健. 初等数论 [M]. 北京: 北京大学出版社, 2003: 61-63.

[138] 聂元铭, 丘平. 网络信息安全技术 [M]. 北京: 科学出版社. 2001.

[139] 阮传概. 近世代数及其应用 [M]. 北京: 北京邮电学院出版社. 1988.

[140] Schneier B. 应用密码学 [M]. 北京: 机械工业出版社, 2000.

[141] 谭凯军, 诸鸿文. 一种基于孙子定理的会议密钥的分配机制[J]. 小型微型计算机系统, 1999, 20(3): 181-184.

[142] Tsujii S, Gotaishi M, Tadaki K, et al. Proposal of a signature scheme based on STS trapdoor[J]. Post-Quantum Cryptography, 2010, 6061: 201-207.

[143] Wang W, Yang P X, Xing Y. Secure communication applications of the Chinese remainder theorem[J]. Italian Journal of Pure and Applied Mathematics, 2020, 44: 901-910.

[144] 辛小龙, 王伟, 付玉龙. 信息论与编码理论 [M]. 北京: 高等教育出版社, 2014.

[145] 张静, 权双燕, 王伟, 等. 基于身份的动态数字签名方案 [J]. 纯粹数学与应用数学, 2015, 31(2): 204-209.

[146] 杨世辉. 孙子定理探源 [J]. 涪陵师专学报, 2000, 16(2): 71-75.

[147] Hungerford T W. Algebra[M]. Berlin: Springer Verlag, 1974.

[148] Haveshki M, Mohamadhasani M. Stabilizer in BL-Algebras and its properties[J]. Int. Mathematical Forum., 2010, 5(57): 2809-2816.